**助力乡村振兴 养殖致富丛书**
ZHULI XIANGCUN ZHENXING YANGZHI ZHIFU CONGSHU

# 科学养鱼与疾病防治

KEXUE YANGYU
YU JIBING FANGZHI

崔斌 编著

内蒙古人民出版社

图书在版编目（CIP）数据

科学养鱼与疾病防治 / 崔斌编著 . -- 呼和浩特：内蒙古人民出版社，2022.12
（助力乡村振兴　养殖致富丛书）
ISBN 978-7-204-17302-0

Ⅰ . ①科… Ⅱ . ①崔… Ⅲ . ①鱼类养殖②鱼病防治
Ⅳ . ① S96 ② S942

中国版本图书馆 CIP 数据核字 (2022) 第 250881 号

助力乡村振兴　养殖致富丛书

## 科学养鱼与疾病防治

| 作　　者 | 崔　斌 |
|---|---|
| 责任编辑 | 郝　乐　贺鹏举 |
| 封面设计 | 刘那日苏 |
| 出版发行 | 内蒙古人民出版社 |
| 地　　址 | 呼和浩特市新城区中山东路 8 号波士名人国际 B 座 5 楼 |
| 印　　刷 | 内蒙古爱信达教育印务有限责任公司 |
| 开　　本 | 880mm×1230mm　1/32 |
| 印　　张 | 3.5 |
| 字　　数 | 100 千 |
| 版　　次 | 2022 年 12 月第 1 版 |
| 印　　次 | 2022 年 12 月第 1 次印刷 |
| 印　　数 | 1—3000 册 |
| 书　　号 | ISBN 978-7-204-17302-0 |
| 定　　价 | 18.00 元 |

图书营销部联系电话：（0471）3946298　3946267
如发现印装质量问题，请与我社联系。联系电话：（0471）3946120

# 前　言

我国是农业大国，党的十八大以来，经过八年齐心协力的脱贫攻坚，让全国几千万农民摆脱了贫困，生活水平全方位改善。实现社会主义农业现代化的出路在于科技与教育，鉴于此，我们精心推出"助力乡村振兴，养殖致富丛书"，旨在普及推广现代养殖业的科技知识，为农民致富、为农村经济发展尽我们的绵薄之力。

"助力乡村振兴，养殖致富丛书"是一套指导养殖人员科学、高效生产的专业图书，共包含《科学养猪与疾病防治》《科学养牛与疾病防治》《科学养羊与疾病防治》《科学养鸡与疾病防治》《科学养鱼与疾病防治》《科学养鸽与疾病防治》六个分册。本套丛书采用图文结合的方式，以通俗易懂的语言，全面、系统地介绍了养殖技术与疾病防治知识，力求使读者一读就懂、一看就会。

本丛书编写工作得到了有关农业研究单位、农业院校的诸多农学专家的大力支持。这些年轻有为的农学专家都是有着丰富理论和实践经验的专业人员，在编写中注重知识的实用性与准确性，突出技术的科学性与可操作性，并选用行业发展的最前沿信息，以期切实指导农民增产增收，为他们走上致富之路提供助力。

# 丛书编委会

**主 编** 赵 源
**副主编** 乔蓬蕾 元 秀
**编 委** 赵 源 乔蓬蕾 李莎莎 徐凤敏
 张艳云 崔 斌 邓 颖 程 磊

# 目 录

## 第一章 养殖种类的选择与放养 ·········· 1
    一、养殖种类的选择 ·········· 1
    二、放养方式与技术 ·········· 2
    三、常见的网箱养殖品种 ·········· 13

## 第二章 鱼类的营养和饵料 ·········· 16
    一、鱼类的营养需求 ·········· 16
    二、饵料选择 ·········· 24
    三、投饵技术 ·········· 55

## 第三章 网箱养鱼的管理 ·········· 60
    一、网箱的日常管理 ·········· 60
    二、网拦养鱼的类型 ·········· 70
    三、网拦养鱼的水域选择 ·········· 71
    四、网拦养鱼的设施 ·········· 73

**第四章　鱼病的药物防治** …………………………………… **75**

　一、鱼病的常用药物 ………………………………………… 75

　二、药物作用的类型 ………………………………………… 96

　三、药物的体内过程 ………………………………………… 102

# 第一章　养殖种类的选择与放养

## 一、养殖种类的选择

选择网箱养殖鱼类品种，应从生物学和经济学两方面考虑。养殖品种既要适应性强、生长快、能在密集状态下作集约式养殖，又要肉味好，经济价值高，苗种和饲料好解决，且与市场的需求相适应（特别是当地市场）。根据上述要求，作为网箱养殖品种应具备如下优势：

图 1-1　网箱养殖鱼类

**1. 生产周期短**　能在当地水域中顺利生长，而且生长快，一般经一个养殖周期饲养后产品即可上市，无需做跨年度的续养，因为周期越长，成本越高，成活率越难保证，投资风险越大。

**2. 味美价值高** 养殖对象肉味好，经济价值高，便可获得较高的价格，从而获得较高效益。

**3. 苗种来源广** 网箱养鱼密度高，苗种需求量大，所以苗种不仅要容易解决，而且来源也要广，不必花费高昂代价和较长时间用于种苗的采购和运输，最好是能自己解决。

**4. 饲料易解决** 养殖品种的食性最好是能吃人工配合饲料，因为配合饲料尤其是颗粒饲料，从运输、贮存到投喂，都是最方便、最简单的，饲养成本也较低，所造成的污染也较少。

**5. 抗病能力强** 所选品种应是疾病少、抗病能力强的，因为网箱养殖密度高，选种不当易造成高发病率、高死亡率。

**6. 适应性较强** 养殖对象应能适应高密度集约化养殖，能耐低氧，对水质要求不严，并能在网箱内自然越冬。

除了应考虑以上几点外，还应考虑市场的需求以及具体水体环境条件等，因地制宜进行综合考量。我国淡水网箱养殖的传统品种有：鲢、鳙、草鱼、青鱼、鲤、鲫等，目前较为普遍选养品种有：罗非鱼、斑点叉尾鮰、加州鲈、鳗、团头鲂等。

## 二、放养方式与技术

### （一）放养方式

网箱养鱼可以根据供饵途径、技术措施、养殖品种、养殖目的、养殖周期等不同内容分成不同的养殖方式，这些养殖方式除有共性的养殖技术外，还有不同的放养和管理措施。

第一章　养殖种类的选择与放养

### 1. 根据供饵途径划分

（1）不投饵网养滤食性鱼类　这种养殖方式主要依靠水体中的天然饵料，一般不投饵，但有时为了提高单产，也补充投喂一些商品饵料。这种养殖方式一般产量较低，为5~15kg每平方米。

（2）投饵网养吃食性鱼类　指在人工投饵条件下进行高密度、精养的一种养殖方式。选择放养对象范围较广且单产较高，一般可达30~50kg每平方米，高的能超过100kg每平方米。

### 2. 根据养殖种类的数量划分

（1）单养是指在同一网箱中养殖单个品种的养殖方式。其日常管理时饵料配方、投饵率、投饵方式等都根据单养鱼类的需要进行配制、加工及计算投饵率以确定投饵方式。单养不仅管理比较方便，而且鱼类生长规格整齐，产量也较高，国外网箱养鱼均是采用这种方式。然而，在网箱单养过程中，为保持网目疏通及充分利用附着在网衣上的部分饵料，通常可搭配罗非鱼、鲷鱼等杂食性鱼类。

图 1-2　养殖种类的数量划分

（2）混养 是以某一种鱼类作为主要养殖对象，适当搭配放养一些其他品种的养殖方式。如鲢鱼和鳙鱼的混养、草鱼和鳊鱼的混养、罗非鱼和其他品种的混养等。混养可以充分利用水域的生态条件及天然饵料，充分发挥网箱养鱼的潜力，提高网箱养鱼的产量。但在混养情况下，所投的配合饵料很难适应各种鱼类的需求。我国在网箱养鱼的初期，普遍是混养方式，但由于饵料的选择问题，目前除网围、网拦养鱼外，均因混养会使部分鱼类生长不良、效益不理想而逐步转向单养。

### 3. 根据养殖管理措施的精细程度划分

（1）粗养 一般是指在富营养型水域中，利用天然饵料养殖鲢鱼、鳙鱼等的养殖方式。在河道内网拦养鱼时，只要不投饵也可算作是网箱粗养的一种形式。粗放方式的养殖鱼产量一般都较低。

（2）半精养 在有些水体利用部分天然饵料，适当补充投喂一些人工饵料，根据投喂人工饵料的质量和数量相应地增加鱼种的放养量，以提高网箱养殖的鱼产量。

（3）精养 是指将网箱设置在有微流水韵水域环境中，进行高密度的养鱼方式。这种方式完全依赖人工配制的全营养型颗粒饵料，严格地进行科学管理，使养殖产量达到或接近网箱的最高容纳量。国外网箱养鱼普遍采用这种养殖方式。由于这种养殖方式的放养密度高，不断投饵，而水体交换又好，鱼类代谢过程中的排泄物可以得到及时排出，并不断地补充充足的氧气，因此其养殖单产相对较高。

### 4. 根据养殖目的和阶段划分

（1）网箱养殖鱼种 指利用网箱将鱼苗培育到鱼种阶段为目的的养殖方式，我国网养滤食性鱼类一般采取此种方式将鱼种投入到大水面，为大水面增殖提供充足的鱼种。网养鱼种也可以继续在网箱中培育成商品鱼。主要有以下几种放养和饲养措施。

第一章　养殖种类的选择与放养

图1-3　网箱养殖鱼种

①单季放养。就是在整个网箱养殖的生产季节中只向网箱内投放一次鱼种。一般是7月初投放鱼种，10月下旬一次起捕。这种放养方式为了解决鱼类生长与饵料供应之间的矛盾，通常采取两种方法：一是适当降低放养密度，100~200尾每平方米，让部分饵料浪费掉，随鱼体的生长使饵料不致缺乏，这样通常60~80天鱼体长可达到13~14cm；二是在开始放养时密度就较高，充分利用天然饵料，30~60天后加投人工饵料以弥补后阶段饵料的不足。

②多季放养。指在鱼种的生长期内饲养二批鱼种。第一批鱼种6月中旬入箱，培育40~50天后，达到13.3cm以上的规格起捕出箱。第二批鱼种在8月上旬或中旬放入网箱，饲养60~80天后，也能达到13cm左右规格。这种放养方式的优点是鱼种饲养的周期短，逃鱼的可能性小，一旦网箱中的饵料不够，可立即起捕。

③逐级放养。指从鱼仔开始时用不同网目的网箱分级培养各种规格的鱼种。一般分为四级。第一级鱼仔到夏花（网目1cm）；第二级夏花

· 5 ·

到小规格鱼种（网目1.1~1.3cm）；第三级，小规格鱼种到大规格鱼种（网目1.5~1.8cm）；第四级大规格鱼种到成鱼（网目3.0~3.5cm）。这种放养方式可以及时调整放养密度、更换网箱，使饵料少浪费并且保持网目的通透状况好。

④提大留小。网箱中放养鱼种初始时放养密度可稍高一点，经过一段时间的培养，随着鱼种长大而出现饵料供应不足时，鱼种生长会出现参差不齐的现象，可以用稀网目网箱过筛把较大规格的鱼种放入水库、湖泊或较大网目的网箱中饲养。较小规格的鱼种留在原箱内继续饲养。这样，鱼种的规格和密度都得到了重新调整，调整后的网箱网目畅通，密度适当，规格整齐，有利于下阶段鱼种的生长。

（2）网箱养殖商品鱼　指鱼种投入网箱后。经过一个养殖周期而达到商品鱼规格的养殖方式，投饵式网箱养殖一般均以养殖商品鱼为目的。这种方式又可分为单养、混养、轮养三种方式。

## （二）放养技术

放养技术包括放养密度、规格、品种的搭配及比例等方面，这些问题应该在放养前予以考虑。

### 1. 放养密度

（1）放养密度与产量的关系　网箱养鱼的特点就是高密度集约化生产，放养密度对鱼的生长速度影响很大，也影响到整体的鱼产量。网箱内放养鱼群密度过小，鱼体虽然长得快，个体大，但浪费水体空间，鱼群总量低，效益不好。而随着放养密度增加，水质会逐渐变差，溶解氧减少，鱼群渐显拥挤，食物及其他环境等综合条件随之下降。鱼体的生长会随着密度的增加而越受其制约，当密度超出一定范围，就会出现总产量虽然增加，但是鱼个体增重减缓或到最后收捕时出现产品规格偏小，商品率低。如果密度继续增加，环境因素等综合条件制约更为明显，将

# 第一章 养殖种类的选择与放养

**图1-4 放养密度与产量**

出现总体产量停止上升。这是因为环境恶化，个体生长极度缓慢，鱼体容易患病，死亡率上升，从而抵消了增加密度所能获得的增产，即达到饱和容纳量。此时若再增加放养密度，则适得其反，总产量会因鱼群大批死亡而下降。网箱养鱼决定放养密度时，就要控制在离饱和容纳量有一定差距的水平上，绝不能接近饱和容纳量。

（2）放养密度的选择　网箱养鱼的放养密度应根据以下几个方面的因素来决定：水域的生态条件（特别是水温、溶解氧、水流、风浪、水质等）、网目大小与堵塞程度、鱼类的生物特性、水体中的天然饵料基础、单位面积或体积的最高容纳量、网箱形状和面积大小等。

不投饵网箱养殖滤食性鱼类，关键是水体的肥瘦。由于不同湖泊、水库具体的生物特质、饵料丰度等都不相同，所以，放养密度在不同的水域就有所不同，即使是同一水域的不同位置，有时也有所不同。

在实际生产中,可用下面的简单方法去测试放养密度。在养殖水体中设置4只0.5平方米的网箱,选择晴朗日子的上午8时左右,将在清水中静养了8小时以上,处于空肠状态的鲢、鳙鱼种(各占50%)放入4只网箱中,密度分别为50、100、150及200尾。放入网箱的同时解剖鲢、鳙各5尾,记录肠的初始充塞度。然后每隔2小时,从各网箱分别抽取鲢、鳙鱼种各5尾,解剖并记录肠的充塞度。若某一只箱,鱼入箱后4小时,绝大部分鱼肠内食物很多,几乎充满全肠时,表明该箱内放养密度与水体供饵能力相适应。

近几年来,我国网箱养鱼的生产实践表明,效益较好的网箱(面积为8~10平方米)的鱼种放养密度一般为:养殖鲤鱼成鱼时,鱼种的放养密度可为120~150尾/平方米(鱼种规格为70~100克/尾);养殖草鱼成鱼时,鱼种的放养密度为50~80尾/平方米(鱼种规格为100~150克/尾);养殖罗非鱼成鱼时,鱼种的放养密度为400~500尾/平方米(鱼种规格为50克尾以上);培育鲤鱼种时,其放养密度可为800~1500尾/平方米(进箱时夏花的规格以2~5克尾为宜)。依赖天然饵料养殖鱼种或商品鱼的网箱,限制因素首先是饵料生物的多寡;在水中投饵的情况下,主要是水中的溶氧量。如果在水质特别肥沃的水体中,每平方米可放养70~100尾(鱼种规格在50克/尾左右),而一般富营养型的水库,每平方米放养鱼种30~70尾。

鱼种的放养密度是根据预计要收获的单位产量(重量)和溶氧量来决定的。从理论上讲,不同水域环境中鱼的预期产量也不同。每一网箱的最大产量与其网箱体积大小成反比,即网箱体积越大,其最大产鱼量也就越低。网箱鱼种的放养密度有高低之分,一般最低放养密度为80尾/米$^3$,最高放养密度随环境质量的好坏等因素而变化。此处推荐一个根据需要产出的鱼产量和成鱼规格来确定放养密度的计算公式:

# 第一章 养殖种类的选择与放养

$$\text{放养密度（尾／米}^3\text{）}=\frac{\text{起捕时的单位鱼产量（千克／米}^3\text{）}}{\text{起捕时的鱼体平均重（千克／尾）}}$$

在实际生产中，应考虑到鱼种的成活率因素，即：

$$\text{实际的放养密度}=\frac{\text{理论的放养密度}}{\text{鱼种的估计成活率}}$$

同时，也应考虑到养殖品种生长速度等因素。例如，推荐给初养者的单位鱼产量为每150千克／立方米，则：

①若鲤鱼商品鱼的平均规格为500克／尾，则每立方米的放养量为：150/0.5＝300尾。

②若鲫鱼商品鱼的平均规格为200克／尾，则每立方米的放养量为：150/0.2＝750尾。

其中，养成商品鱼的规格与所放养鱼种的规格、不同品种的生长速度有很大的关系，所以在确定成鱼的规格时，应以当地池塘养殖不同规格、不同品种的生长速度（或增肉倍数）为依据来计算。如鲤鱼，平均100克／尾的鱼种经140天的饲养后，可以达到500克尾以上；而平均每尾50克以下的鱼种只能达到每尾450克左右。在计算放养量时就不一样，前者每立方米放300尾，后者每立方米要放340尾，才能获得相同的鱼产量。而又如鲫鱼，其生长速度慢，50克尾左右的鱼种，当年只能达到200~250克尾，这样其放养密度应增加到1200~1500尾／米$^3$（其中还没有考虑到鱼种成活率的因素）。

（3）放养密度的调整　网箱放养密度的确定，除以上的理论指导和经验的学习之外，还应靠自己在饲养过程中，密切注意箱内鱼群的活动、生长变化情况而做灵活调整。具体经验如下，以供参考：

①密度太小时，鱼群抢吃不积极，对投喂饲料反应缓慢，常常不浮上水面抢吃或只能见到几条鱼在抢吃，鱼体生长正常，少发病。

**图1-5 放养密度的调整**

②密度适中时,鱼群抢吃积极,对投饲动作反应快速,短时间内就可见全部鱼浮上水面抢吃,鱼体生长快,规格整齐,少发病,通常在规定投饲时间,会提前浮出水面找吃。

③密度过大时,鱼群抢吃激烈,反应快速,全部鱼浮上水面或提前浮出水面绕网边不停环游,找料抢吃,投喂过程往往可见少数鱼体较小的鱼不参加抢吃而游到网边,箱内鱼体生长速度较慢,规格不整齐。多发细菌性鱼病等传染性鱼病,并有少量死亡,如不及时处理,会有大批感染、死亡,鱼群在投喂结束后常会靠近网边,头朝外。

**2.放养规格** 鱼种放养规格与网箱养鱼效果密切相关,从理论上讲,鱼类的体重增长速度是大规格鱼种快于小规格鱼种。另外,放养大规格鱼种可以缩短养殖周期,大大提高网箱养鱼的养殖效率,显然,放养大规格鱼种比小规格鱼种好。但是,在生产实际过程中,往往是采取购入小规格鱼种入箱，逐级培育成大规格鱼种，再转入成鱼饲养阶段。这是因为：

（1）很难找到大批量大规格鱼种入箱，往往只有小规格鱼种供应。

（2）大规格鱼种难以打包、运输，运输过程造成的损伤和死亡率较高，入箱后也容易造成大批感染发病。

（3）由于鱼种是从池塘饲养状况突然变成网箱饲养状况，环境和投饵等方面都发生了很大变化，规格大的鱼种往往较难适应新环境，驯化效果差，而规格越小的鱼种越容易适应新环境，驯化效果较好，能很快转入正常吃食生长。

具体如何确定放养规格也是要因地因时因人而作综合考虑，最基本的是要与网箱的网目相配套，国内大多数网箱网目最小为1厘米，可适应最小鱼的规格为3厘米/尾以上（鳗鲡应为30克/尾以上）。

**3. 搭配比例**　合理搭配比例是网箱混养的一项重要技术措施，它的主要目的是使水体中各种有利条件得到充分利用，以挖掘更大的生产潜力。网箱养鱼的生态条件与池塘养鱼不一样，面积小，水也不深。在这样小的养鱼环境中，放养密度大，放养的鱼类聚集在一起，谈不上水体分层利用问题。而且，吃食性鱼类排出的粪便，随时要被水流带出网箱，滤食性鱼类无法利用其粪便的肥效。因此，网箱养鱼的混养技术要求不高，最好以一种主要经济鱼类为主养对象，适当搭配放养其他品种，这样可以更有效地利用网箱中天然和人工饵料，提高网箱养鱼产量。在肉食性鱼类的网箱中混养适量藻食性的鱼，可避免池塘的底栖藻类堵塞网眼。

（1）混养原则

①混养品种之间在生态习性上有较大分化。这样，才能在混养中起到互相利用、互相促进的作用，避免互相制约。

②网箱内饵料要充足。饵料不足，就会相互争食，有时甚至互相残杀。

如在网箱利用天然饵料生物培育鲢、鳙鱼种中混养草鱼,因没有投饵料,草鱼种缺食,会蚕食规格小的鲢、鳙鱼种。

图1-6 混养

③不能混养凶猛鱼类,以免凶猛鱼类残杀主养鱼类。如确有必要混养凶猛鱼类,其放养规格必须远远小于放养鱼类,以避免其危害。

(2)搭配形式

①鲢、鳙混养:这是我国网箱养鱼中比较普遍的搭配形式,其搭配比例主要根据浮游生物的种类和数量而定。水质肥沃的水库和湖泊,浮游动物和大型浮游植物占优势,对鳙鱼生长有利,要以养鳙鱼为主,适当搭配鲢鱼。而浮游植物占优势的,则以养鲢鱼为主,适当搭配鳙鱼。一般主养鱼占70%,配养鱼占30%。也有些水库,如广东省鹤地水库,网箱养鲢、鳙鱼,以任何搭配比例都能取得较好的养殖效果,单养鲢鱼或鳙鱼时,放养密度不变,产量也一样高。这样的水库可随意进行鲢、

# 第一章 养殖种类的选择与放养

鳙鱼混养。

②吃食性鱼类与滤食性鱼类混养：人工投饵养吃食性鱼类（鲤鱼、草鱼、非鲫等）的网箱内，多少都会有一些浮游生物，可适当搭配养鲢、鳙鱼。搭配比例一般占10%~15%。

③混养杂食性和刮食性鱼类：这些鱼类能摄食网片上的附着生物和利用主养鱼的饵料残渣，起到清洁网箱的作用。主养草鱼、鲢、鳙等的网箱，可搭配少量的非鲫、斜颌鲴、鲤等，一般占5%~10%。

（3）混养品种的规格 主养品种和配养品种，在规格上应基本一致，或配养品种稍大于主养品种。

## 三、常见的网箱养殖品种

选择网箱养殖的鱼类，应从生态和经济效益两个方面加以考虑。不投饵能获得较高效益的是滤食性的鲢鱼和鳙鱼。投饵喂养的以养殖优质鱼类为宜，我国目前主要是草鱼、鳊鱼、鲤鱼等。随着网箱养鱼业的发展，网箱养殖的鱼类品种正在逐渐地扩大，目前国内养殖的主要鱼类品种如下：

**1. 鲢鱼又名白鲢、鲢子** 长江、黑龙江、珠江诸流域均产此鱼。鲢鱼是全国各地湖泊、水库普遍放养的一个品种，适宜在富营养型湖泊、水库、河道等水面设置网箱养殖，是目前我国网箱养殖滤食性鱼类的主要对象之一。鲢鱼生活于水体上层，是一种典型的滤食浮游藻类的鱼类。性情活泼，能跳出水面，稍有惊动就四处蹿跳，所以养殖鲢鱼时多采用浮动式网箱。在养殖管理过程中，一般不宜多次提动网箱，以免惊动鲢鱼，致使蹿跳撞伤。

**2. 鳙鱼又名花鲢、胖头鱼等** 属中、上层滤食性鱼类，其食物主要是枝角类、桡足类、轮虫、无节幼体、原生动物以及一些碎屑和藻类。其在大水面中的生长速度一般稍快，鳙鱼个体较大，性情温和，不善跳跃，在网箱中养殖需把网箱提出水面才能发现。鳙鱼是很多湖泊、水库、河道等大、中型水体放养的主要品种，也是我国网箱养鱼的主要对象之一。

3. **草鱼** 属中、下层鱼类，有时也到水体上层觅食。设置浮动网箱能成功地进行养殖。草鱼因喜食水草而得名，苦草、马来眼子菜、轮叶黑藻、大茨藻、小茨藻、芜萍等都是草鱼的喜食种类，另外草鱼也摄食部分旱草，如黑麦草等。

草鱼是人们所喜食的一种经济鱼类，在网箱里生长迅速，但草鱼贪食，容易发生肠炎等疾病。而且网箱养殖的密度较大，一旦发病，感染相当快，所以在网箱养殖草鱼时特别需要注意鱼病的预防。

4. **鲤鱼** 是目前世界上养殖最普遍的一种大型经济鱼类。鲤鱼生长较快，适应性很强，也是国内、外网箱养殖的一个主要对象。

鲤鱼是杂食性鱼类，高等水生植物的种子和根、茎及底栖动物等都是其天然饵料，豆饼、麸皮以及浓缩干颗粒饵料亦喜摄食，其饵料的适应范围很广。所以鲤鱼既可做网箱的单养品种，也可在主养其他经济鱼类的网箱里搭配少量个体，用以打扫食物，起"清道夫"的作用。

5. **鳊鱼包括长春鳊和团头鲂** 是名贵的中型经济鱼类，一般栖息于水体的中下层，分布较广，适合于湖泊、水库中养殖。鳊鱼生长较快，肉质细嫩鲜美，抗病力较强，已成为我国网箱养殖的优良品种之一。

鳊鱼的食物以苦草等水生植物为主，也摄取丝状藻类、碎屑和少量浮游动物。在鲢、鳙鱼网箱中搭配少量鳊鱼，不投饵也能很好地生长。另外，鳊鱼可作为网箱养鱼的混养对象，利用它来清除网箱壁上的附着生物。

6. **罗非鱼又名非洲鲫鱼** 属于中小型经济鱼类，是目前世界上仅次于鲤鱼的广泛养鱼品种；也具有网箱养殖优良的生物学性状。罗非鱼作为网箱养殖的对象，国内外已发展到10种，其中莫桑罗非鱼、尼罗罗非鱼、金色罗非鱼等都已利用网箱进行商业性规模生产。

**图1-7 罗非鱼又名非洲鲫鱼**

罗非鱼为暖水性水域鱼类，其适应范围为20~35℃，最适生长温度是25~30℃。除少数种类外，一般可耐12~13℃低温。

罗非鱼具备一些优良的养殖鱼类生物学性状，如能适应网箱的高密度，耐低溶氧，生长快，抗病力强，容易接受各种饵料，成活率高（一般网箱养殖罗非鱼的成活率都在90%以上）。另外，网箱养殖罗非鱼还有两个优点：1.网箱中一般不具备产卵的条件，即使产卵或偶尔能孵化，孵出的鱼苗也会经网目漏出箱外，因此不会因其繁殖力强而造成网箱中鱼群密度过大；2.能摄食网箱壁上丝状藻类等附着物，起到"清箱"的作用。所以网箱养殖罗非鱼的潜力很大。

此外，网箱中还可养殖鲫鱼、鲮鱼、鳗鱼、虹鳟、鲷鱼等品种。随着网箱养鱼业的发展，网箱养殖的鱼类品种也将逐渐增多。

# 第二章　鱼类的营养和饲料

## 一、鱼类的营养需求

鱼类是变温动物，与陆生动物相比较，有它独特的营养要求。不同的鱼类由于所要求的适温（如冷水性与温水性）不同，也因食性和消化器官的形态各异，因而对营养各有需求。鱼类食物的营养，一是供给鱼体进行生理活动时所需的能源消耗；二是供给鱼体生长和修补组织的必需物质；三是提供具有调节组织机能的物质。因此，在鱼用人工饵料中，理想的组成是具备蛋白质、脂类、能量、维生素和矿物质等五种基本营养素。

养殖鱼类需要从天然饵料或人工投喂的饵料中摄取蛋白质、脂肪、能量、维生素和矿物质等营养物质，以满足其生长、繁殖及其他正常生理功能的需要。但不同品种的鱼类和它所处的不同生长阶段与环境的需要是不同的。以天然饵料为主要营养源的水产养殖系统中（如池塘或小型湖泊）补充投入一些饵料（一般含蛋白质较高，但营养不完全），可以提高鱼产量。而在天然饵料缺乏或营养来源缺乏的养殖系统中（如网箱），就需要全营养饵料来补充机体对营养物质的需要。

### （一）鱼类对蛋白质的需求

1. **蛋白质**　蛋白质是构成鱼体的重要物质，但食物和饲料中的蛋白质并不能直接构成鱼体的组织蛋白质，也就是说，蛋白质要在鱼体内被利用，须经过分解、吸收、再合成的过程。鱼类从饲料中摄取了蛋白质以后，首先在消化道内被消化酶分解为氨基酸，这些氨基酸被吸收入体内后，再合成鱼体所需要的蛋白质。蛋白质的营养实质上是氨基酸的营养。氨基酸是组成蛋白质的基本单位，因此蛋白质的来源不同，其氨基酸组成不同，对鱼类的营养价值也不一样。蛋白质营养价值的高低，主要决定于氨基酸的组成。

图2-1　浓缩鱼蛋白

蛋白质一般由20种氨基酸组成。根据氨基酸对鱼类营养的重要性将其分为必需氨基酸和非必需氨基酸。必需氨基酸是指鱼类自身不能合成，或合成量少不能满足机体需要，必须从饲料中获得的氨基酸。从众多研究结果看，各种鱼类所需要的必需氨基酸的种类差不多，有以下10种：赖氨酸、蛋氨酸、色氨酸、亮氨酸、异亮氨酸、苏氨酸、苯丙氨酸、缬氨酸、组氨酸和精氨酸。非必需氨基酸是指鱼类能够自身合成而不需要从饲料中获得的氨基酸。如甘氨酸、丙氨酸、天冬氨酸、谷氨酸、丝氨酸、胱氨酸、酪氨酸、脯氨酸、羟谷氨酸、羟脯氨酸等。非必需氨基酸并不等于鱼类机体不需要，只是有机体能够自身合成这些氨基酸而已。能够在鱼体内合成的非必需氨基酸，占体蛋白质的40%左右。若在饲料中提供一定数量的某些非必需氨基酸，则可减少某些必需氨基酸的消耗。

饲料蛋白质中无论缺乏哪一种必需氨基酸，均会影响蛋白质在体内的沉积，降低蛋白质的生物学价值。如饲料蛋白质经消化吸收进入体内的氨基酸中，有一种必需氨基酸只满足鱼类需要的50%的话，那么，不管其他氨基酸的含量多么高，其蛋白质的生物学价值最多为50%。这一机理犹如木桶盛水一样，若其中一块桶板缺损，那么木桶始终装不满水。如果把某一必需氨基酸比做缺损的桶板，它不能使木桶装满水，而让水从短板处溢出。结果由于这一必需氨基酸的缺乏，而使其他氨基酸也不能用于合成体蛋白质，像缺损的木桶盛不住水一样，白白被浪费掉。

多种试验证明，鱼类的某些疾病系由营养中缺乏某些必需氨基酸所致。缺乏必需氨基酸鱼类表现为活动力降低，食欲减退，吃进饵料后又吐出来。饲料中缺乏蛋氨酸，将导致湖鳟鱼种和虹鳟鱼种发生白内障。虹鳟饲料缺乏赖氨酸，表现为生长减慢，尾鳍溃烂，死亡率增高。缺乏色氨酸，虹鳟和红大马哈鱼出现脊椎侧凸症。缺乏色氨酸的虹鳟，还表现充血和钙的异常沉淀。

**2. 需求特点** 一般来说，鱼类较畜禽需要更多的蛋白质，通常为畜禽所需的2~4倍。不同的鱼，需求量不同；同一种鱼对蛋白质的需求，也随其所处水温、体重增加（即生长发育阶段不同）等呈现出不同特点：

（1）鱼类对蛋白质要求较高。需要量大大高于畜禽。其重要原因是鱼类对碳水化合物消化率较低。一般仅为 0.3~0.6 千卡／克，因此摄入的蛋白质除用于生长外，还有相当一部分被分解产生能量，肉食性鱼类尤为如此。

图 2-2　鱼类对蛋白质的需求

（2）鱼类食性等级越高，对蛋白质需求量越大。一般草食性鱼类需粗蛋白含量占饲料比重为 20%~30%，杂食性鱼类为 30%~45%，肉食性鱼类则为 40%~55%。

（3）同种鱼随水温增加，对蛋白需求加大。

（4）鱼类单位体重的粗蛋白需求量，随鱼体重增加而明显减小。与此同时，鱼类的可消化能也与粗蛋白一样，基本按同一比例减小，而保持二者之比基本稳定。

（5）鱼类对饲料蛋白的利用率大大高于畜禽。

（6）鱼类对补饲的单体氨基酸，不能良好吸收，很大一部分会直接排泄掉。同时有研究认为，鱼类也难以利用以尿素等合成的必需氨基酸。

（7）蛋白质的最适量一般说来，肉食性鱼类和以动物性饲料为主的杂食性鱼类对饲料蛋白质需求较高，草食性鱼类需求较低。

## (二)脂肪

脂肪是生命所需的重要营养成分，它是鱼类的能量来源之一，生物体需要一定量脂肪，才能维持其正常生长、活动。

**1. 组成与功用** 脂肪俗称油脂，与其他有机物一样，由碳、氢、氧三种基本元素组成。有些脂类还含有其他元素，形成一些特殊性质的脂类，如磷脂中含有磷等。

脂肪均由一个甘油分子和三个脂肪酸分子组成，也属高分子量大分子。它的性质，主要取决于所含脂肪酸的种类。

脂肪的生理生化功用，主要表现在以下几方面：一是构成生物体；二是分解释放能量；三是作为脂溶性维生素的溶剂、载体。

与蛋白质一样，饲料中所含脂肪不能直接被鱼类吸收利用，须在消化道中经脂肪酶作用分解成甘油及脂肪酸后被吸收。其中一部分鱼体需要的则重新合成脂肪，作为其生物体组成部分，贮存下来，形成所谓"体脂"。体脂是能量贮备，可以帮助其在恶劣情况下渡过难关。另一部分则释放出熊量，供应生命恬动所需。事实上，脂肪在生物体内氧化释放能量高达每克9大卡，为蛋白质的2倍多。另外，脂肪在分解前，还是一种特殊溶剂，为一些只溶于脂肪的维生素作为它们的载体，促进其更活跃地参与生命活动过程。

**2. 脂肪酸的种类** 脂肪酸的种类，决定了脂肪的性质。脂肪呈液体称为"油"，呈固体称为"脂"。都与脂肪酸不同有关。同时，脂肪酸不同，将对鱼类产生很大影响。

就脂肪的本身组成而言，可分为饱和及不饱和脂肪酸两种脂肪酸分子。碳原子一般为双数，凡氢原子数为碳原子数2倍者，称饱和脂肪酸。凡氢原子数少于碳原子数2倍者，称不饱和脂肪酸。一般主要由饱和脂肪酸组成的脂肪,在常温常态下多为固体,如猪油、蜂蜡等,相反,主要由不饱和脂肪酸组成的脂肪,则多为液态,如菜油、豆油等。

从生理生化的意义上,又可分为必需与非必需脂肪酸。一般,鱼类物和人类一样,缺少的是不饱和脂肪酸,基本不缺乏饱和脂肪酸。因此称那些缺乏的不饱和脂肪酸为必需脂肪酸。十八碳二烯酸、十八碳三烯酸、二十碳四烯酸等,已被证明是鱼类必需脂肪酸。若饲料中缺少这几种,则鱼类生长发育受到严重阻碍。甚至发生病变。一般在植物性饲料中,不饱和脂肪酸较多,因此通过适量添加此类饲料进行合理搭配,很有意义。

图2-3 十八碳三烯酸

3.**脂肪的变质** 脂肪也会变质,脂肪发生腐败变质,影响其借生理功用的发挥。腐败极易发生在由不饱和脂肪酸组成的油脂中,因为有不饱和碳键的存在,很容易在高湿、潮湿的环境中发生氧化,形成过氧化物,毒害鱼类。由于必需脂肪酸均为不饱和脂肪酸,腐败专门威胁这类脂肪,因此尤其值得重视。在脂肪含量较高的饲料中加入抗氧化剂，并置于通风、干燥处储藏，并在投喂前认真检查，防止中毒事件发生。

### （三）碳水化合物

饲料中的可消化的碳水化合物不但可以提供热量，而且还参与机体的许多代谢活动，并作为合成非必需氨基酸和核酸的前提而被鱼类利用。饲料中不能消化的纤维素可改善饲料的适口性和延长食物通过消化道的时间，促进肠道吸收。饲料中含有适量的碳水化合物可提高蛋白质的利用率。

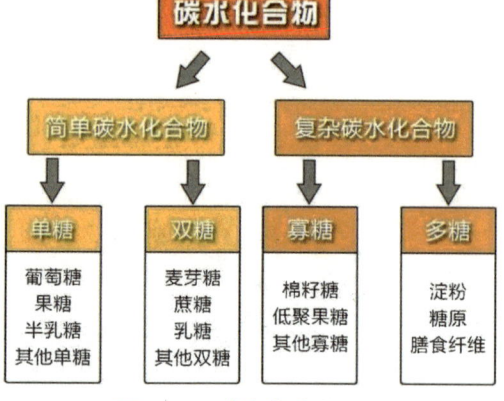

图 2-4　碳水化合物

鱼类不能像畜禽那样有效地利用碳水化合物，其利用率的高低又随着鱼的种类及食性而有差异。一般说来，淀粉、糖类是畜禽的主要营养素，约占 50% 以上，是动物的主要能量来源。但在鱼类营养学上的作用问题还说法不一。

一般认为，温水性鱼类对碳水化合物适宜量为 30%，冷水性鱼类为 21%。我国主养品种（如草鱼、鲤鱼等）利用无氮浸出物的能力较强，其饲料中适宜含量为 30%~50%，分析其原因，草食性和杂食性鱼类淀粉酶活性较高，并且分布在整个肠道；而肉食性鱼类淀粉酶活性较低，仅仅在胰脏中可见到淀粉酶。从肝脏碳水化合物代谢酶活性看，肉食性鱼糖原合成酶活性高，而碳水化合物分解酶活性低，因而对吸收的葡萄糖不能有效地利用，形成类似糖尿病的糖代谢。草食性鱼类等尽管利用碳水化合物的能力比肉食性鱼类强，但饲料中碳水化合物也不宜过多，过多也可使鱼形成脂肪肝。

从酶学分析和代谢机制来看，鱼类对碳水化合物利用率低于畜禽原因有三个：①鱼类消化道中几乎没有纤维素酶，淀粉酶活性又较低；②哺乳类红肌与白肌之比大于鱼类，而红肌已糖激酶活性高于白肌；③鱼体内血糖调节因子—胰岛素分泌少。此外，还因鱼类消化道本身不能分泌纤维素酶，加之肠道细菌较少，对纤维素几乎不消化，因此，在鱼饲料中要注意控制纤维素的含量。一般认为鱼饲料中纤维素适宜含量为：草食性鱼 12%~20%，杂食性鱼 8%~12%，肉食性鱼 2%~8%。

### （四）维生素

鱼类需要四种脂溶性维生素和十二种水溶性维生素。脂溶性维生素为：维生素 A、D、E、K；水溶性维生素为：硫胺素（$B_1$）、核黄素（$B_2$）、吡哆醇（$B_6$）、泛酸、烟酸、生物素（VH）、叶酸、氰钴胺素（$B_{12}$）、胆碱、肌醇、抗坏血酸（VC）、对氨基苯甲酸。

鱼类对维生素的需要量因鱼的种类和生长阶段不同而有很大差别。鱼类对维生素缺乏的反应相当慢，也就是说鱼类能够长时间地在完全没有维生素摄入的情况下生存，而且各种鱼类的维生素缺乏症的症状也不完全相同。

### （五）无机盐及微量元素缺乏症

无机盐和微量元素是构成鱼体组织的重要成分，是保持鱼体物质的正常代谢和保证各种组织和器官正常生理功能运转所不可缺少的营养素。

无机盐也称矿物质，鱼类所需的矿物元素主要有：钾、钠、钙、镁、磷、硫、氯七种常量元素和铁、铜、碘、锰、锌、碘、钴、钼、硒等微量元素。鱼类能吸收水中溶解的无机盐，但种类为数极少。所以从饲料中补充无机盐作为营养素仍然是必要的，各种鱼类缺乏无机盐及微量元素的缺乏症症状表现十分相似。

## 二、饵料选择

在投饵网箱养鱼中,配合颗粒饲料是网箱内鱼生长、生存的唯一营养来源,因此必须投喂营养全面的配合颗粒饲料。在生产上,饲料费占全部养鱼成本的60%~70%,所以饲料的配制、加工是网箱养鱼成败和能否获得高产量、高效益的关键措施之一。配合饲料是根据鱼类的营养需要,将多种饲料(原料)按比例配合制成的一种营养完善的混合饲料,其能量、蛋白质、必需氨基酸、必需脂肪酸、粗纤维以及各种矿物质和维生素,均能完全满足鱼类营养需要的配合饲料,称为全价配合饲料或平衡配合饲料,与过去农家混合而成的饲料有很大区别。它的配方是在科学理论和生产经验指导下编制的,然后严格按配方称料,通过机械混合加工而成。配合饲料有很多优点,如营养全面,充分利用饲料资源,减少鱼类疾病,减少饲料浪费,有利于贮存和运输等。下面先谈一下组成配合饲料的各种原料的特点。

### (一)原料

可用做配合饲料的原料很多,根据来源在渔业上大体可分为植物性饲料、动物性饲料、矿物性饲料及特种饲料。有人根据实际需要又分为粗饲料、青饲料、能量饲料、蛋白质饲料、矿物质补充饲料和饲料添加剂等。下面按后一种分类方法介绍几种饲料原料。

**1. 能量饲料** 对鱼类来说,虽然不同种类的鱼要求的主要能量不同,但无论何种鱼类均需要一定的除蛋白质以外的能源,即由碳水化合物和脂肪提供的能源。能量饲料是指蛋白质含量低于20%、粗纤维含量低于18%的饲料。能量饲料又以每千克含12540千焦消化能为界限划分为高、

第二章　鱼类的营养和饵料

低能量饲料。

属于能量饲料的有：禾本科籽实及其加工副产品；块根、块茎类饲料及其加工副产品；饲用油脂。至于大豆及油料作物籽实的加工副产品，也具有能量饲料的特性，但由于它们富含蛋白质，故将其归入蛋白质饲料。

（1）主要禾本科籽实及糠麸饲料。

①玉米。玉米是禾本科籽实饲料中含能量最高的饲料。玉米含无氮浸出物约70%，几乎全为淀粉，粗纤维含量极低，故易于消化，是良好的热能来源。玉米粗蛋白质含量低，约为4%~8%，矿物质中磷多钙少（含磷0.28%，钙0.04%），除黄玉米含有胡萝卜素（每千克约5~8毫克）外，其他维生素均缺乏。利用玉米养鱼时，必须同其他含蛋白质、维生素丰富的饲料搭配使用，以弥补其缺陷。

图 2-5　糠麸饲料

②高粱。高粱的营养价值稍低于玉米，含无氮浸出物68%，主要为淀粉。蛋白质含量稍高于玉米，在10.8%左右，但品质差。粗纤维和粗

· 25 ·

脂肪含量低于玉米，钙、磷含量与玉米相似。高粱因含有柔酸，适口性较大麦、玉米差。

③大麦。大麦主要产于我国华东、华北及西北地区，是这些地区的主要精饲料。大麦含蛋白质略高于玉米，约为12%，品质较玉米稍好。粗纤维含量较玉米高，为5.2%。脂肪含量低，所以总营养价值较玉米低。大麦消化率较高，是鱼类的良好饲料，若将其发芽后投喂亲鱼，效果更佳。

④小麦。小麦蛋白质含量较其他禾本科籽实高，为12.9%。近年来，有的国家培育的高蛋白质小麦品种，其蛋白质含量有的超过了22%，但其蛋白质品质仍不好。无氮浸出物约70%，粗纤维含量低，故易于消化。矿物质中磷多钙少，每千克含钙0.5克，含磷4.2克。在颗粒饲料中搭配1%~20% 小麦，还可起到黏合剂的作用。

⑤稻谷。稻谷有粗硬的种子外壳，粗纤维含量较高，达9.9%，故其消化能含量低于玉米及小麦。若除去外壳分出的糙米。其粗纤维含量可降低至1%，而使消化能含量大为提高。稻谷中含有8.3%左右的粗蛋白质，但品质较差。有的养鱼场利用废弃鱼池种植稻谷，用做养鱼的精料。在粮食富裕的地区也可将大米用做饲料原料。

⑥米糠。米糠分细米糠和统糠两种，农村以统糠为多。统糠是由稻谷直接加工而成，包括稻壳、种皮、果皮及少量碎米，其粗纤维含量较高，营养价值差。细米糠没有稻壳，是由糙米加工成白米时分离出来的种皮、糊粉层和胚三种物质的混合物，其营养价值视白米加工程度不同而异。加工白米越白，则胚乳中物质进入米糠越多，米糠的能量价值越高。细米糠含蛋白质11%~15%，脂肪15%~20%，无氮浸出物30%~40%，粗纤维6%~13%，矿物质10%左右，其中磷占1.7%以上，并含有丰富的B族维生素。米糠中含脂肪较高，且多为不饱和脂肪酸，所以不易贮藏，容易氧化酸败。用于养鱼的米糠最好用新鲜的，且用量不宜太多。

⑦麸皮。麸皮为小麦提取面粉后的副产品，由小麦的种皮、糊粉层与少量的胚和胚乳组成。胚乳含量多少因加工的要求不同而异，同时也是决定麸皮营养价值的因素。由于种皮与糊粉层的细胞壁厚，故纤维素含量较高，为8.5%~12%，因而麸皮的消化能含量较低。麸皮的粗蛋白质含量很高，可达12.5%~17%，含赖氨酸0.67%，但含蛋氨酸极低，约0.11%。由于麦粒中B族维生素多集中于糊粉层与胚中，故麸皮中B族维生素含量很高，如含核黄素百万分之三点五，硫胺素百万分之八点九。麸皮中钙、磷比例不平衡，钙含量占干物质的0.16%，磷为0.13%，几乎为1∶8。在使用时，应优先补充钙。

⑧地脚粉。地脚粉又称灰粉，主要为面粉袋尘粉、灰土及其他杂粮粉的混合物。因其含灰粉及杂物量的不同，颜色由白色至褐色，营养价值也不固定。地脚粉既可作为鱼类配合饲料的黏合剂，又可提供部分营养。

（2）块根、块茎饲料　此类饲料含水分高，在自然状态下，一般为75%~95%，故又称为多汁饲料。其干物质的营养成分与禾本科籽实近似，

图2-6　块根、块茎饲料

富含淀粉和糖,粗纤维含量低,一般不超过10%,而且不含木质素,粗蛋白质含量低,仅为1%~2%。含氮物中,氨化物占一半以上,故蛋白质品质差。矿物质中钾含量高,缺少钙、磷、钠。维生素含量因种类不同而差别很大,如胡萝卜含有丰富的各种维生素,尤其是胡萝卜素,而马铃薯和甘薯则缺乏维生素。

利用这类饲料养鱼并不普遍,在四川部分地区,秋季将甘薯煮熟后饲养稻田鲤鱼,获得一定效果。但这种做法不科学,因甘薯中缺乏蛋白质、维生素和矿物质,直接用于养鱼,只能为鱼提供能量,用量太大,导致鱼体脂肪含量增加,且利用率也不高。所以应与蛋白质、矿物质及维生素饲料配合使用,才可收到较好的效果。

将甘薯及马铃薯制成片晒干后,可作为鱼类饲料的能量来源添加在配合饲料中。用甘薯及马铃薯提取的淀粉,也可作为鱼类的能源或配合饲料的黏合剂。胡萝卜富含维生素,可作为草食性鱼类的维生素补充饲料。

甘薯、马铃薯等做原料生产淀粉后剩下的粉渣,所含营养成分主要是残留的部分淀粉和粗纤维。由于淀粉大部分被提取,所以粉渣中蛋白质含量相对较高,但品质差。以绿豆、豌豆、蚕豆等豆类做原料的粉渣,蛋白质含量高,且品质较好。粉渣中缺乏钙和维生素。粉渣含水分高,如放置过久,特别在夏天气温高时,有机物质发酵分解,蛋白质腐败,对鱼类健康不利,可将其晒干或烘干后保存。

(3)油脂 脂肪含能量高,为等量碳水化合物的2.25倍,在鱼类配合饲料中加入油脂,一方面可提高鱼的增重率,另一方面油脂可作为能源以降低鱼类对蛋白质的需要量。在国外,鱼饲料中加入油脂相当普遍。

经研究发现在鱼饲料中添加动物油较植物油效果好,故多用动物油添加入鱼类饲料中,但也有用植物油的。在国外,饲料中的油脂大部分是狭鳕鱼肝油的分子蒸馏残油和植物油。

由于用脂肪氧化变质的饲料养鱼，会导致鱼类死亡，因此为防止脂肪被氧化，一般都在投喂前才加入质量好的油脂。关于饲料的油脂添加量，应根据鱼的种类、大小、养殖阶段和其他饲料成分的质量及水温等决定。

**2. 蛋白质饲料**　此类饲料具有能量饲料的特性，即干物质中粗纤维含量低，可消化的有机物质较多，每单位重量所含的消化能高。蛋白质饲料与能量饲料的主要区别，在于干物质中蛋白质含量特别高。相应的无氮浸出物的比例则较低。

蛋白质饲料的划分，以物质中粗蛋白质含量20%为界限，包括植物性蛋白质饲料、动物性蛋白质饲料和单细胞蛋白质饲料等。

（1）植物性蛋白质饲料　植物性蛋白质饲料包括豆科籽实（大豆、蚕豆、豌豆等）及其加工副产品，某些谷实加工副产品（如玉米面筋、各种酒糟等）以及油饼类的饲料等。

图2-7　植物性蛋白质饲料

①油饼类饲料。油饼类饲料是榨油工业的副产品，以压榨法得到的是油饼，以浸提法得到的是油粕。油饼类饲料常用的有大豆饼、棉籽饼、菜籽饼、芝麻饼、花生饼以及亚麻仁饼等。我国南方还有椰子饼与棕榈饼，

也属此类饲料。

大豆饼：大豆饼是饼类饲料中数量最多的一种，一般含粗蛋白质40%以上，必需氨基酸的含量比其他植物性饲料为高，赖氨酸含量为玉米的10倍。大豆饼中含钙0.49%、磷0.78%，缺乏核黄素、维生素$B_{12}$等营养素。好的大豆饼为淡黄色，具有油香味。粉碎成粉后，是养鱼的良好蛋白质饲料。由于大豆饼缺乏蛋氨酸，在使用时最好与其他饲料混合饲喂，进一步提高饲料利用率以增强养鱼的效果。

棉籽饼：棉饼分棉仁饼和棉籽饼，蛋白质含量仅次于豆饼。下面主要谈谈棉籽饼。棉籽饼有脱壳和不脱壳两种。棉籽饼粗蛋白质含量仅次于大豆饼，缺乏赖氨酸，而蛋氨酸和色氨酸稍高于豆饼。棉籽饼的蛋白质含量受加工时脱壳与否的影响，脱壳的棉籽饼含蛋白质35%左右，未脱壳的为17%左右。

棉籽饼中磷含量与豆饼相似，缺乏钙和维生素A、维生素D。因此，棉籽饼的营养价值略低于豆饼，但高于禾本科籽实。棉籽饼适口性较豆饼差，且含有棉酚毒素。棉酚毒素对畜禽（如猪、鸡）最为敏感，但对鱼类比较迟钝，其原因是鱼类的肝脏障碍能力较强，能使进入肠内的毒物脱毒或中和毒素。若大量用未脱毒的棉籽饼（一般棉籽饼中的游离棉酚含量均超过安全量的0.02%~0.4%），鱼会出现内脏水肿、充血等中毒症状，并出现食欲减退，生长不良等现象。因此，使用前应进行脱毒处理。

棉籽饼的脱毒方法，可采用煮沸或加硫酸亚铁解毒。煮沸方法是先将棉籽饼粉碎，再加适量水煮沸，不断搅拌，保持沸腾半小时，冷却后使用。硫酸亚铁水溶液脱毒是先将2千克工业用的硫酸亚铁溶于10千克水中，然后与100千克粉碎的棉籽饼拌匀，脱毒处理24小时后，即可饲用。

菜籽饼：菜籽在我国四大油料作物中居第二位，除东北外，各地产量都很高。菜籽饼货源充足，营养较全面，是一种理想的蛋白质饲料。

菜籽饼含粗蛋白质31%~37%，粗脂肪1.5%，无氮浸出物30.48%，粗纤维8.2%~11.7%，灰分7.8%，磷0.98%，钙0.71%。除脂肪含量较低外，其他成分基本能满足主要养殖鱼类的营养需求。

菜籽饼中含有配糖体——葡萄糖硫苷（芥子苷），芥子苷在芥子水解酶的作用下，产生异硫氰酸盐和恶唑烷硫酸酮毒素。这种毒素会导致家畜中毒，产生甲状腺肥大的现象，损害畜类肝脏。但鱼类对菜籽饼的毒素不敏感，即使在配合饲料中添加40%，也不会导致鱼类中毒，但最好进行脱毒处理。有效的脱毒方法是坑埋脱毒法。其具体方法是挖一宽0.8米，深0.7~1米，长度适中的土池，将1∶1的比例加水拌湿粉碎的菜籽饼，埋入池中，顶部和底部都铺一层麦秆或稻草，覆土20厘米，经60天即可脱毒取喂。

花生饼：花生饼是鱼类饲料中常用的原料。花生饼因加工方法和带壳与否，其营养价值有异。脱壳花生饼粗蛋白质含量高，营养价值与豆饼相似；带壳的花生饼粗蛋白质含量较低，粗纤维含量大约在15%以上，

图2-8 花生饼

故可消化能总量较低。加工方法有压榨法和压抽法。压榨法获得的花生饼含脂量较高，易氧化酸败，不易保存；压抽法获得的花生饼含脂量较低。花生饼蛋白质的氨基酸中，赖氨酸含量较低，精氨酸和组氨酸的含量相当高，无机物中钙含量低，磷含量较豆饼低。花生饼缺乏胡萝卜素和维生素 D，烟酸、泛酸、硫胺素含量高，核黄素含量低。

花生饼在潮湿的空气中，易感染黄曲霉菌，产生黄曲霉菌素，对鱼类造成危害，所以其应贮藏在干燥通风的地方，但时间也不宜过长。

芝麻饼：芝麻饼是常见的饼粕，芝麻饼含蛋白质 33.25%，脂肪 13.25%，无氮浸出物 15.14%，纤维素 5.09%。它与豆饼、花生饼一样，蛋白质品质较好，是鱼类良好的蛋白质饲料。

②谷类加工副产品。属于植物性蛋白质饲料的还包括一些谷类加工副产品，如玉米面筋、各种酒糟与豆腐渣等。此类饲料的共同特点是为大量提取各种籽实中的碳水化合物后的多水分残渣。残存物中，粗纤维、粗蛋白质与粗脂肪的含量均比原料籽实高。其粗蛋白质含量在干物质中占 22%~42.9%，能量含量居中。

玉米面筋：玉米面筋为淀粉工业的副产品，包含除淀粉以外玉米中的所有物质，如玉米胚、玉米皮以及胚乳中除淀粉外的其他物质。故玉米面筋中含粗蛋白质和粗纤维较原料高，由于加工过程中多次水洗，水溶性维生素含量甚微。其粗蛋白质含量达 42.9%，可作为鱼饲料的一种蛋白质来源，但其蛋白质品质较差。

酒糟：酒糟的营养价值高低与其制作的原料有关。因大量的可溶性碳水化合物被发酵成醇，故其粗蛋白质、粗纤维、粗脂肪与粗灰分的含量均相应提高，而无氮浸出物相应降低至 50% 以下。由于微生物的生长繁殖对某些 B 族维生素有合成作用，故 B 族维生素含量较高。

豆腐渣和酱渣：豆腐渣和酱渣含粗蛋白质较高，在干物质中约占

19%~29.8%，新鲜豆腐渣含水分80%以上，含蛋白质2%~5%，粗纤维含量低，是鱼类的较好饲料。酱渣是制造酱油的副产品，营养价值较高，含粗蛋白质28.23%，脂肪13.18%。但酱渣含盐分高，为7%，故不宜过多添加。

（2）动物性蛋白质饲料　动物性蛋白质饲料是鱼类配合饲料中重要的蛋白质饲料源。主要包括水产品加工厂、畜产品加工厂和缫丝厂的副产品（如鱼粉、肉粉、血粉、蚕蛹等），天然动物性饲料（如螺、蚬、水生昆虫等）以及人工养殖的蚯蚓、蝇蛆等。

①鱼粉。各种鱼类的整个鱼体或鱼体的一部分，经干燥加工制成的粉末，称作普通鱼粉。各种鱼粉都用其原鱼类的名称来命名，如沙丁鱼生产的鱼粉叫做沙丁鱼粉。此外还把鱼粉分为白鱼粉和红鱼粉两种。白鱼粉以鳕、狭鳕等具白色肌纤维的鱼为原料，又由于这类鱼粉在阿拉斯加湾等海区生产，故亦称北洋鱼粉；红鱼粉以沿海沙丁鱼、竹刀鱼及太平洋鲱鱼等肌肉为红褐色的鱼作为原料制成的鱼粉。红鱼粉的品质一般较白鱼粉差。

图2-9　鱼粉

鱼粉含蛋白质高，一般在64%左右，可消化蛋白质含量高。蛋白质中必需氨基酸含量齐全，且含有较高的蛋氨酸和赖氨酸。$B_{12}$族维生素含量丰富，特别是维生素含量高，此外维生素$B_2$和烟酸含量亦高。矿物质中除钙、磷含量丰富外，铁含量也较高。若用真空低温干燥制成的鱼粉尚含有维生素A和维生素D，是鱼类的最好饲料。

鱼粉以脂肪含量低为优，一般白鱼粉的脂肪含量（8%以下）低于红鱼粉（10%左右）。油脂酸价不得超过20%，过氧化物价应低于10%，最好为5%。

②骨肉粉。骨肉粉为屠宰场的副产品。不能食用的病畜，经高温、高压消毒，彻底煮烂，除去浮在水面上的脂肪，剩余的骨肉经干燥、磨碎而成。骨肉粉一般含蛋白质40%~60%，脂肪8%~10%，矿物质1%~25%，且富含维生素$B_{12}$。但其蛋白质的消化率较低，平均可消化蛋白质为38%左右。

③血粉。血粉是家畜血液经高温干燥制成，含粗蛋白质达80%~85%。但血粉中蛋氨酸、异亮氨酸和甘氨酸不足，并且高温干燥血粉溶解性很差，消化率低，一般在70%以下。而经改进真空干燥新工艺干燥的溶解性大有改善，消化率可达90%以上。用血粉橄榄菌发酵新工艺，加入糠麸基料，则成为发酵血粉。如市售的发酵血粉含粗蛋白质31.13%~35%。营养价值有较大提高。

图2-10　血粉

④羽毛粉。羽毛粉是由各种禽类加工废弃羽梗粗毛制成,含蛋白质高达85%以上,但多是纤维蛋白和角蛋白,氨基酸比较齐全,胱氨酸特别丰富,但赖氨酸与色氨酸不足。未经水解的羽毛粉消化率仅30%~32%。羽毛、毛发、角蹄经盐酸高温水解,脱酸处理形成多种复合氨基酸产品,大大有利于消化吸收。

⑤蚯蚓。蚯蚓也是良好的鱼类蛋白质饲料,其蛋白质含量高,必需氨基酸齐全,含粗蛋白质66.3%,粗脂肪7.9%,无氮浸出物14.2%,赖氨酸4.67%,蛋氨酸1.15%。用人工养殖蚯蚓养鱼,是解决鱼类饲料蛋白质缺乏的一个途径。

⑥福寿螺。福寿螺为草食性大型食用螺,可作为优质动物性鱼粉的替代物。螺肉占全螺的84.4%,螺壳占15.6%。鲜螺肉蛋白质占29.3%,脂肪占0.3%,是高蛋白质、低脂肪的优良饵料。螺壳粉是良好的钙质添加剂,福寿螺能以廉价的水花生、水浮莲、凤眼莲、水旱草、蔬菜边叶等植物为食。

⑦蝇蛆。蝇蛆含水量为80%,富含蛋白质和脂肪。干物质中,粗蛋白质含量为63.1%,略低于鱼粉,显著高于豆饼。脂肪含量为25.9%,是鱼粉和大豆饼的4~5倍。蝇蛆还含有较丰富的各种必需氨基酸。蝇蛆是近年来崛起的优质动物性高蛋白质饲料,在国外已大规模经营,进行室内工厂化生产。它的繁殖周期短,产量高,利用废弃的动物内脏和粪便进行生产,成本低。

(3)单细胞蛋白质饲料 单细胞蛋白质饲料又称微生物饲料,主要包括一些酵母菌、细菌、真菌和单细胞藻类等。近年来,世界各国对这类饲料的研究利用相当重视,有些国家已由实验室阶段进入大规模商业化生产。

细胞生物产品与高等植物和动物产品相比更富含蛋白质、必需氨基酸含量多而较平衡，粗纤维含量极低。酵母中含蛋白质46%~65%，且蛋白质的生物学价值较高，鲤鱼对酵母蛋白质消化率可达95%~98%，酵母中还含有丰富的B族维生素，但蛋氨酸和胱氨酸的含量较低。藻类蛋白质主要为螺旋藻和小球藻等，分离、干燥而成的藻粉含粗蛋白质55%，也是鱼类的优良蛋白质饲料。真菌主要是白地霉，含蛋白质达52.5%，其营养丰富，蛋白质含量仅次于优质鱼粉，而赖氨酸含量（为7.42%）优于鱼粉，不足的是蛋氨酸含量较低。

3. **矿物质饲料** 在鱼类饲料的营养中，需要添加矿物质元素，这些矿物质元素在动物、植物性饲料中均有一定含量，但往往不能满足鱼类的需要，需用矿物质饲料来加以补充。鱼类需要量较大的矿物质元素主要有钙、磷、氯、钠等。一般矿物质添加剂有食盐、骨粉、贝壳粉、磷酸盐及一些混合盐类等。另外泥炭、膨润土作为矿物质添加剂的应用也引起饲料界的重视。泥炭是煤炭中炭化程度最低的泥状有机物，含粗蛋白质8.6%，粗脂肪2.6%，纤维素28.2%，木质素38.6%。目前主要用于喂反刍动物，喂鱼尚不普遍。膨润土指钠基膨润土矿，其含有动物所必需的多种矿物质元素，现已用做颗粒饵料的黏合剂与添加剂的载体。

4. **饲料添加剂** 饲料添加剂是添加在配合饲料中的少量或微量物质的总称，是基础饲料的添加成分，包括为全面满足鱼类营养需要而补充到饲料中的所缺部分，如某些限制性氨基酸、维生素、矿物元素。这部分添加剂称营养性添加剂。除营养性添加剂外，还包括为预防或治疗鱼类某些疾病的驱虫剂、保健剂；增进食欲的引诱剂；促进鱼类生长、提高饲料转化率的抗生素、促生长素、酶制剂、激素；有利于饲料保存的抗氧化剂、防霉剂；减少饲料中养分在水中溶失的黏结剂等。

作为饲料添加剂应符合以下基本要求：

（1）在使用期间，长期使用不对鱼类产生急、慢性毒害和不良影响，

## 第二章 鱼类的营养和饵料

对亲鱼不能导致生殖生理的改变。

（2）必须有确实的生产效果和经济效益。

（3）在饲料与鱼体中应有较好的稳定性。

（4）不影响鱼类对饲料的摄食。

（5）所用化工原料，其中含有毒金属量不得超过允许限度。所用药物在鱼体中残余量不能超过规定标准，不能影响鱼产品的质量和人体健康。

除此之外，还应考虑添加剂有效期，并注意限用、禁用、用量、配合禁忌等规定。

**1. 营养性添加剂** 营养性添加剂用于平衡鱼饲料的营养成分。添加的种类和数量取决于鱼类的营养需要量、水质状况、饲料中营养物质的含量等。常用的营养物质添加剂主要有氨基酸、维生素和矿物质。

（1）氨基酸 氨基酸添加剂主要指鱼体自身不能合成的限制性必需氨基酸。缺乏必需氨基酸，往往是在大量使用植物性蛋白质饲料时。要在饲料中补足所缺乏的必需氨基酸，满足鱼类的需要，就能强化饲料蛋白质的营养价值，提高养鱼的效果。

图 2-11　氨基酸

配合饲料中氨基酸不平衡，有时不仅是缺赖氨酸和蛋氨酸，也可能是色氨酸、组氨酸、精氨酸以及其他氨基酸，但多数为赖氨酸和蛋氨酸。我国饲料工业起步晚，饲料用氨基酸产品多为赖氨酸和蛋氨酸。

①赖氨酸 赖氨酸是具有两个氨基和一个羧基的碱性氨基酸,有两种同分异构体,即L型(左旋)和D型(右旋)。D型不能为鱼类所利用。L型赖氨酸呈碱性(pH值为9.59),吸潮性强,难于保持稳定的性质,因此,多用发酵法或其他方法制成赖氨酸的盐酸盐,即以盐酸作为稳定剂来中和它的碱性。有DL型、L型产品,使用时应注意L型赖氨酸的实际含量。

赖氨酸易与碳水化合物中的还原糖结合而褐变,而且随温度的升高而加快褐变,从而降低赖氨酸的利用率。因此,在添加赖氨酸时应注意配合饲料的性质、加工工艺及贮存时间。

②蛋氨酸 蛋氨酸是一种含硫氨基酸,有两种同分异构体,即L型和D型,一般发酵法产品均为L型,人工合成产品多为D型、L型,两种异构体都能为鱼类所吸收。人工合成的产品还有一类是DL蛋氨酸羟基类似物(MHA)及其钙盐,它可代替蛋氨酸应用,在鱼体内MHA吸收氢基酸取代羟基而转变为蛋氨酸。其效价为1.2克等于1克蛋氨酸。MHA是合成氨基酸的中间产物,因而价格低廉。

图2-12 蛋氨酸

蛋氨酸是白色或淡黄色结晶性粉末,有特异臭味,略带甜味。要求氧化物含量应在0.2%以下,硫酸盐含量在0.3%以下,水分含量在0.5%以下,灰分含量在0.5%以下。

(2)维生素 鱼类对维生素的需要量较少,但在鱼体内作用极大。常用的维生素添加剂主要有维生素A、C、D、E、K、$B_1$、$B_2$、$B_6$、$B_{12}$、氧化胆碱、烟酸、叶酸、生物素等。添加量除根据营养需要外，还应考虑到饲养方式、环境条件、维生素的稳定性及生物学效价等。一般配合饲料中维生素的添加量应比需要量大致提高 10%~100%。

由于某些维生素很不稳定，在光、热等条件下很快破坏。还由于生产工艺上的原因，几乎所有的维生素都需经过特殊加工或包装，例如采取载体制成微粒胶囊、预混料等。从加工与贮存的条件看，加工颗粒饲料时，由于高温蒸汽的影响会降低维生素的稳定性。高温、高湿的贮藏条件，载体的含水量与饲料的含水量高，则维生素 A、K、$B_1$、$B_6$、叶酸等的稳定性都要受到影响。在贮藏过程中，除了要改善贮藏条件外，还应尽量缩短贮藏时间，一般维生素预混料要求在 1 个月内用完，最长不得超过 3 个月。

（3）矿物质　在鱼类的动、植物饲料中，均含有一定数量的矿物质，但这些含量往往不能满足鱼类需要。矿物质添加剂包括鱼类需要量较大的钙、磷、氯、钠等常量元素和需要量较少的铁、硒、铜、锰、锌、碘、钴等微量元素。

矿物质添加剂在使用前一般要经过烘干、粉碎及其他预处理，制成预混料。烘干的目的主要是控制水分，即去掉游离水分，控制结晶水的含量；其次是通过烘干或焙烧控制其氧化程度，调节产品的颜色以发挥其着色剂的作用，便于辨别与管理。

作为矿物质添加剂预混料的载体或稀释剂的面粉等，一般以通过35目筛即可，不宜粉碎得过细。但各种矿物质盐类为了在饲料中混合均匀，必须有较细的粒度才行，并保证单位饲料中该元素的最多颗粒数。每吨饲料中某种矿物质盐类的粒子数如果不足 1000 万粒，则不可能混合均匀。为保证矿物质饲料混合均匀，其粉碎粒度至少应通过 100 目筛才行。

有些矿物质饲料很容易吸湿返潮，引起结块，影响预混料的流动性，还影响维生素的稳定性,因此必须加以预防。一般是在矿物质饲料烘干粉碎后添加1%~3%的矿物油、石蜡或海藻类的多糖物质,充分拌和,使矿物质颗粒表面形成一层防水防湿的包被,以达到防潮的目的。

**2. 非营养性添加剂** 非营养性添加剂是指在饲料的主体物质成分之外,添加到饲料中的促进鱼类生长发育、改善饲料结构、保持饲料质量、帮助鱼类消化吸收、防治鱼类疾病的添加剂,包括生长促进剂、促消化剂、益生菌制剂、诱食剂、黏合剂、抗氧化剂等。非营养性代谢调节物的合理使用,会改善机体的代谢,提高养分的利用效率,增加鱼类养殖的经济效益。

随着水产养殖业的迅猛发展,国内外对鱼用非营养性添加剂的研究日益深入,非营养性添加剂已大量用于鱼类配合饲料的生产中,并取得了大量研究成果。

(1)生长促进剂 鱼类生长促进剂主要作用是通过刺激鱼类内分泌系统,调节新陈代谢、提高饲料利用率,从而促进养殖鱼类的生长。

①喹乙醇 喹乙醇是一种广谱抗菌的化学药物,并且促生长效果明显,是动物饲料中应用最广泛的一种生长促进剂。其作用主要有影响代谢,促进合成,提高鱼饲料中能量和氮的利用率,促进氮的沉积。在鲤鱼和罗非鱼的日粮中添加150mg/kg喹乙醇,生长率较对照分别提高了75%和65%;对鲤鱼的实验证明,添加喹乙醇200mg/kg促生长效果佳,相对增长率较对照提高53.88%,且鱼体

图2-13 喹乙醇

耐低氧能力增强，肉质也有所改善；在日粮中添加 50mg/kg 的喹乙醇饲喂 1 龄草鱼，生长率提高了 53.82%，存活率提高 22.7%。但是也有人认为，若喹乙醇添加过量会引起中毒，鲤鱼饲料中长期添加喹乙醇，剂量应控制在 50mg/kg 以下，否则鱼有中毒危险（出现腹水和出血症，不耐运输以及捕捞时严重地大批死亡）。

②抗生素 抗生素是微生物的发酵产物，其作用机理主要是改变病原微生物的结构和干扰其代谢过程，如阻碍细胞壁的合成，影响胞浆膜的通透性，阻碍蛋白质的合成，改变核酸代谢等。另外，也有学者认为动物采食抗生素后其肠壁变薄且更健康，因而提高了肠道吸收效率。但抗生素对鱼类是否具有促生长作用，尚有一定争议。研究指出，抗生素对促进鱼类的生长基本没有效果，认为是由于健康的鱼消化道内因缺乏食物而呈无菌状态。但也有学者持相反观点，将四环素药渣以 1.3% 的比例加入配合饲料饲喂鲤鱼，50 天后试验组尾均增重率比对照组高 33.27%，饲料系数比对照组低 22.05%。药渣的促生长作用主要依赖于其中的四环素，作用机理是抑制了对鲤鱼生长不利的微生物的生长。

③激素 水产养殖业中，用激素来催情产卵十分普遍，同时，激素在促进鱼生长、提高鱼产量中的应用也越来越广泛。与鱼类生长关系较密切的激素有生长激素、类固醇激素和甲状腺激素。生长激素是一种蛋白质激素，它的安全性比类固醇激素高，因为蛋白质激素可被动物和人的消化道消化，但不被机体吸收，不必担心药物残留。但也有观点认为，生长激素属于蛋白质，易被消化酶分解破坏，不宜用作添加剂。固醇激素目前有 20 余种类固醇激素，已用于鲑、鳟、鲤、鲫、罗非鱼等 20 种鱼类中，均作为非营养性促生长剂经口服起效。其中，雄激素对鱼类的生长具有明显促进作用，雌激素对鱼类是否有促生长作用尚存在争议。新加坡国立大学的试验证实，在饲料中添加 0.01mg/kg 甲状腺素，可增强

鲤鱼食欲，加快其生长速度。

④中草药　中草药作为一种天然资源，含有对生物体有益的微量成分。凡具备以下功能之一者均能促进鱼类生长，增强抗病能力：a.能兴奋循环系统及呼吸中枢，活跃及改善血液循环，增强细胞膜活性，调节消化道与内分泌功能的有茛菪、益母草、当归等；b.能消食健胃，止酵除滞，加强胃肠机能活动，促进消化的有山楂、陈皮、青皮、枳实等；c.能兴奋神经中枢、刺激胃肠蠕动、抗菌消炎、消疮排毒的有柴胡、野菊、蒲公英、大黄、黄连等；d.能健胃、消积、杀虫、解毒、兴奋胃肠蠕动的有南瓜子、槟榔等。

复方中草药添加剂是鱼用促生长剂研究开的发热点。也有利用由4味中草药组成的复方中草药添加剂投喂鲤鱼，日增重率较对照组增高30.6%，饵料系数降低了18.91%。中草药作为鱼用促生长添加剂的研究尚不够成熟，用药及配方、剂量、有效成分、作用机理、安全性试验等问题还有待深入探讨。

（2）酶制剂　酶是一种由活细胞产生的蛋白质催化剂，在动物体内消化与新陈代谢过程中起着至关重要的作用。它可通过生化反应促进蛋白质、脂肪、淀粉和纤维素的分解，消除饲料中抗营养因子，增强鱼体对饲料的转化率，促进鱼体生长。目前，蛋白酶、淀粉酶、糖化酶、纤维素酶以及复合酶制剂已被大量应用于畜禽业养殖生产当中。它作为外源消化酶，在提高饲料吸收转化率以及

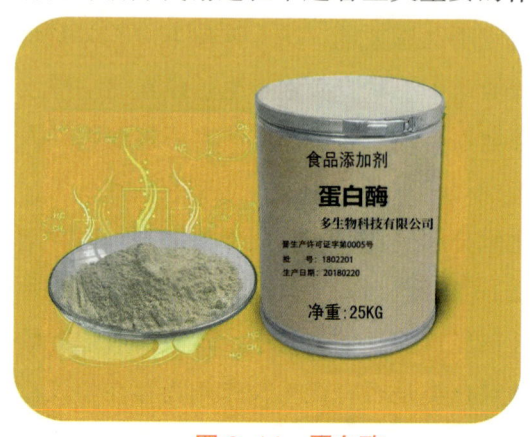

图2-14　蛋白酶

促进动物体增重上都具有十分显著的效果，而且复合酶制剂的使用效果要好于单一酶制剂。

消化酶在鱼类饵料中的研究与应用结果也显示了明显的辅助消化、降低饵料系数，改善水质以及减少鱼类肝脏和消化道疾病的效果。虽然肉食性鱼类对蛋白质和脂类有较强的消化能力，但在高密度人工养殖条件下，其对人工饵料的消化能力有限。饵料中添加蛋白酶和脂肪降解酶能提高饵料中蛋白质及脂类的消化率，减少未消化物对水质的影响。淀粉是植物饲料中的主要成分，也是人工饵料中最常用的安全、经济的黏结剂，而鱼类（尤其是肉食性鱼类）体内淀粉酶活性低，对淀粉的消化能力低，因而饵料中的淀粉不能被充分利用。这不仅造成养分的浪费，还会影响水质，鱼类产生消化不良和肝脏疾病，致使鱼类生长受阻，严重者导致鱼类死亡（俗称胀死）。在饵料中添加淀粉酶，能明显地提高淀粉的消化率，减少对水质的污染，保证水产动物的健康。在鲤基础饲料中加入纤维素酶0.1%，饲养27天，试验组较对照组增重率提高11.96%，饲料系数下降16.36%，饲料成本降低14.63%。利用来自猪胃黏膜、胰脏中分离出的蛋白酶、淀粉酶和脂肪酶，按一定比例组成复合酶制剂，将其按0.5%、1.0%的比例分别加入鲤基础饲料中，使鲤鱼尾增重率提高12.3%~27.5%，饲料系数降低10.89%~18.70%，而且对鲤品质无显著不良影响。试验者认为其作用机理是外源性酶参与了鲤对饲料的消化过程，增强了鱼体对饲料的转化率，从而促进鱼体的生长速度。

（3）益生菌制剂　养殖动物体内正常的菌群对其机体的健康有重要影响，它们与宿主间的微生态平衡保证了宿主动物的正常代谢，提高了宿主的免疫抗病力，同时还为宿主的生长发育提供了丰富的维生素等营养物质。因此可改善动物肠道菌群、促进动物健康生长的益生菌制剂得到普遍重视，发展迅速，其主要作用有以下几个方面：①抑制肠道有害微生物，益生菌进入消化道后，大量繁殖，在消化道内形成优势菌群，从而抑制有害微生物的增殖。体外实验证实从大菱鲆肠道分离出的细菌能抑制鳗弧菌，其在肠道黏液中比鳗弧菌具有更强的黏附能力；②补充营养，改善机体代谢，降低饵料系数作为添加剂的益生菌制剂本身就含有大量营养物质，如多种蛋白质、维生素、微量元素、辅酶Q等，同时益生菌还可产生许多种消化酶，协助饲料消化，提高饲料转化效率；③刺激免疫系统，提高免疫力作为饲料添加剂的益生菌制剂是良好的免疫激活剂，通过产生非特异性免疫调节因子来激发免疫功能，增强机体免疫力和抗病力。

（4）诱食剂　诱食剂又称引诱剂，它能利用鱼类高度灵敏的嗅觉和味觉，通过改善饲料适口性来提高摄食量及饲料利用率，并可减轻水体污染，降低鱼类发病率、死亡率，增加经济效益。

①氨基酸　氨基酸是良好的诱食剂，根据鱼类食性，肉食鱼类对碱性和中性氨基酸敏感，而草食鱼类对酸性氨基酸敏感。目前研究表明，对鱼类具有诱食活性的主要是L型氨基酸，而且氨基酸对鱼类的诱食作用具有单一性。如丙氨酸对鳗鲡具有诱食活性，但对虹鳟无诱食活性；又如脯氨酸和丙氨酸对大西洋鲑的仔鱼诱食作用特别明显，但对1龄鱼效果不明显。一般而言，两种或多种氨基酸混合使用比单一氨基酸的诱食效果好。如L型酪氨酸、苯丙氨酸及组氨酸的复合物的诱食效果非常好，但是单一氨基酸效果不佳。还有些氨基酸单一存在时对某些鱼类起抑制诱食作用，而当它与其他几种氨基酸混合存在时，则具诱食活性，有关机理尚不清楚。

②甜菜碱　甜菜碱是自甜菜加工副产品中提取出的甘氨酸三甲胺内脂，是一种结晶状季铵型生物碱。甜菜碱具有使鱼类敏感的甜味和鲜味，是理想的诱食剂。同时，它的诱食作用还表现在与一些氨基酸具有协同

## 第二章 鱼类的营养和饵料

作用。芬兰糖业公司的试验表明，甜菜碱使虹鳟体重及饲料转化率均增加近20%。

③脂肪酸 用水溶性低级脂肪酸对日本鳗鲡等进行味觉刺激试验，发现日本鳗鲡等出现一定的嗅觉反应和强烈的味觉反应。试验证实：随着分子量增加，脂肪酸摄食诱食作用增强。

图2-15 甜菜碱

④核苷酸 核苷酸通常与氨基酸、甜菜碱合用，能提高饵料适口性。国外有实验证明许多核苷酸都对鱼类具有诱食活性。

（5）黏合剂 黏合剂是鱼颗粒饲料中起黏合成型作用的添加剂，其作用是将各种成分黏合在一起，防止饲料营养成分在水中溶解和溃散，便于鱼类摄食，提高饲料效率，防止水质恶化。鱼用饲料黏合剂大致可分为天然物质和化学合成物质两大类。天然物质为小麦粉、玉米粉、面筋、木薯淀粉、α-淀粉、糊精、海藻酸钠、海带胶、褐藻胶、龙胶、卡拉胶、骨胶、皮胶、鱼浆等。化学合成物质有羧甲基纤维素、聚丙烯酸钠等。

理想的黏合剂应具备如下特点：对饲料中各种组份有理想的黏合度，保证营养全价防止散失污染；容易制取、不妨碍营养成分吸收；具有较高的化学稳定性和热稳定性，不与饲料中成分发生不利的化学反应；成本低，用量少，来源广，易混合，无毒性，无不良异味，适口性好，水稳定性强等。

黏合剂各有其优缺点，应用时一般是几种配合使用，应用时效果还受矿物质、温度等其他因素影响。虽然目前有很多新的黏合剂相继问世，由于成本等原因仅限在科研中使用。我国鲤、罗非鱼、虹鳟饲料的黏合剂仍多采用淀粉类糊化来达到黏合目的，因此高效价廉且具有营养价值的新型黏合剂开发显得日益迫切。

（6）抗氧化剂　饲料中所含的油脂及维生素很容易氧化分解，造成营养缺乏并产生毒物，因此需添加抗氧化剂。抗氧化剂本身容易氧化，和易氧化物质的活性自由基结合生成无活性的抗氧化剂游离基，将氧化反应中断，从而使氧化过程停止或减缓，抗氧化剂自身则因丧失了不稳定氢而不再具有抗氧化性质。由于抗氧化剂能起稳定作用，故可延长鱼饲料保藏期限。目前普遍使用的抗氧化剂有乙氧基喹啉（EQ）、丁基羟基甲氧苯（BHA）和二丁基羟基甲苯（BHT），其他尚有五倍子酸酯、生育酚及抗坏血酸等。BHA、BHT、EQ 在一般鱼饲料中添加量为 100~200mg/kg，当鱼饲料中含脂量较多时，应适当增加添加量。BHT、BHA 若与抗坏血酸、柠檬酸、葡萄糖或其他还原剂同时使用，用量为 BHT 单用时的 1/4~1/2，其抗氧化效果特别显著。为防止抗氧化剂在动物体内蓄积，美国 FDA 规定，饲料中添加乙氧基喹啉，其用量以最后成品计不得超过 150mg/kg；BHT、BHA 则以饲料中脂肪含量计，不得超过 200mg/kg。

### （二）原料选择原则与饵料配方的确定

#### 1. 选择原则选择原料时，需考虑以下几点

第一，因地制宜。尽量选择当地原料，广辟饲料来源，以降低饲料费用，提高养殖生产效果。

第二，选择饲料，应考虑养殖对象的食性。必须符合养殖对象的食性和消化利用的特点。如草食性鱼类可选用适量的粗饲料，杂食性鱼类和肉食性鱼类则应少用粗饲料，否则将不利于鱼类生长。

第三，选料要多样化。以利用所选原料在营养成分上的互补性，提高配合饲料的营养水平。各种饲料中的原料都各有特点，营养价值也极

不相同。豆饼是油饼类中蛋白质含量最高的,但它含B族维生素和钙较少,而糠麸类饲料原料蛋白质含量虽然不高,但含有丰富的钙、磷和B族维生素。棉籽饼、芝麻饼等蛋白质虽不及豆饼那样高,但它们含有豆饼所缺乏的鱼类所必需的蛋氨酸。

第四,了解原料的营养特性,同时测定或核查原料营养成分的含量高低。

第五,原料的价格不能单一考虑,要和投喂后产生的经济效益联系起来。

## 2. 饲料配方制定

(1) 饲料配方制定的原则

①饲料的营养价值和鱼体生长需要一致。

饲料从营养上可分为六大成分,即粗蛋白质、粗脂肪、粗纤维、无氮浸出物和灰分、水分,饲料的好坏主要看这六种营养成分的搭配是否和鱼类生长所需一致。在生产上,必须依据所养鱼类的品种、大小及水

图2-16 饲料配方室

质环境状况制定饲料配方。如鲤鱼在鱼种阶段要求饲料蛋白质的含量在 38% 以上，随着生长到成鱼阶段蛋白需要量下降到 32% 左右。在饲料配方中另一个重要指标是动植物蛋白比，即在饲料配方中由动物性饲料提供的蛋白质总量与植物性饲料提供的蛋白质总量之比。如鲤成鱼要求动植物蛋白比为 1∶3，就是说在蛋白质中，动物蛋白有 1 份，植物蛋白就应有 3 份与之相配合，这样既能满足鱼体蛋白的合成需要成本又最经济。

②必需氨基酸的供应比例要平衡　氨基酸是组成蛋白质的基本单位，饲料中的蛋白质必须分解为氨基酸后，才能被吸收利用。鱼类对饲料蛋白质的需要，本质上是对组成蛋白质的氨基酸的需要。组成蛋白质的氨基酸有 20 种，其中有 10 种必须从饵料中直接得到，称为必需氨基酸，如蛋氨酸、赖氨酸等。饲料中蛋白质营养价值的高低，取决于饲料蛋白中必需氨基酸含量的比值是否符合鱼类要求，符合要求就叫氨基酸平衡。鲤鱼饲料中，通常缺乏的是蛋氨酸和赖氨酸，解决的方法是添加结晶氨基酸。

③要考虑饲料的可消化性与适口性　在制定饲料配方时，必须考虑鱼类饲料原料的各种营养成分的可消化性与适口性，注意根据鱼类的消化生理特点、摄食习性和喜好选择调配适宜的饲料，如血粉，鱼类对它的消化、吸收率不高，添加量太多，虽然粗蛋白含量较高，但饲料的利用率反而降低；又如高粱味苦涩，适口性差，用量多会影响摄食量，达不到预期效果。

④经济效益　设计饲料配方时，最重要的原则是取得最好的经济效益。在养鱼生产成本中，饲料成本占很大比例，应巧选料，少运输，降低损耗。有时为了降低成本，盲目加大粗饲料比例，反而适得其反，对鱼的生长产生不良影响。讲究营养，科学办事才能取得好效益。

⑤饲料配方设计的机动性　饲料配方制定后，并不是一成不变的，必须根据实际生产水平、鱼体生长阶段、饲料原料的变动与某些特殊要求，

# 第二章 鱼类的营养和饵料

及时灵活、机动地改变饲料配方。

（2）饲料配方的计算方法 饲料配方设计需要进行计算，其方法很多，现介绍一种常用的增减法，又称试差调整平衡法。这种方法简明易学，适用于多种原料及多种营养指标要求的饲料配方，但计算较繁琐。

计算的基本步骤：先确定一个配制目标，即想达到的营养指标（包括成本），再根据本地原料来源、经济能力、养殖经验或其他参考饲料配方，将各种原料预定一个大致比例，即初配方。然后计算营养成分、成本与制定的指标进行对比，若某种成分不够或多余时，进行调整、修改、反复计算，直到基本上接近目标。

例如，现有豆饼、玉米、棉仁饼、麸皮、进口鱼粉、酵母6种原料，设计鲤鱼饲配方。

第一步，查对饲料营养成分表，查出蛋白质、氨基酸含量、消化能（饲料被鱼类消化吸收后所能放出的热量）等资料，再根据鲤成鱼营养需求确定指标。蛋白质含量不少于32%，能量蛋白比为97∶116.动植物蛋白比为1∶3，必需氨基酸最大限度接近鲤鱼所需。

第二步，原料比例的大致确定。把各饲料原料按含蛋白质多少分为两类，即蛋白质饲料（含蛋白质量高于20%）和能量饲料。按饲料来源情况、价格和动植物蛋白比（鲤鱼为1∶3），初步确定每一种饲料原料所占百分比。在蛋白质饲料中初定为豆饼60%，棉仁饼15%，鱼粉15%，酵母10%。在能量饲料中，玉米初定为30%，麸皮初定为70%。然后计算各类饲料的蛋白质含量。

根据生产实际经验和为了方便配料，把初配方调整为：豆饼35%，棉仁饼10%，鱼粉10%，酵母5%，玉米10%，麸皮30%。

第三步，列表计算初配方的营养成分和成本。

第四步，比较调整。把初配方与营养指标比较，发现蛋白质含量高

2.1%，能量和蛋白比值偏低，动植物蛋白比为1∶2∶6，可见饲料中动物蛋白含量偏高，从经济效益上考虑，把鱼粉调为8%，豆饼调为30%，把来源广、价格低的麸皮调为37%。

调整后的配方计算。蛋白质含量为31.7%，能量蛋白比为10∶8，动植物蛋白比为1∶2.9，蛋氨酸为0.44%，赖氨酸为1.6%，这样必需氨基酸不足，可以通过添加蛋氨酸、赖氨酸来解决。

调整后的配方，基本上达到了要求。在实际应用中，很难一次调整就能达到要求，需要经过多次计算调整方可。

### 国内网箱养鲤成鱼饲料配方

| 类型 | 饲料配方组成（%） | 粗蛋白含量（%） | 饲料系数 | 单产水平 | 研制单位 |
| --- | --- | --- | --- | --- | --- |
| 硬颗粒（8420） | 贻贝粉15，豆饼14，麸皮45，大麦10，玉米15，多维矿剂2.5 | 22.78 | 2.3 | 38.3千克/平方米 | 北京市水产研究所（1984） |
| 硬颗粒（8430） | 贻贝粉5，秘鲁鱼粉30，豆饼15，麸皮40，大麦10，多维矿剂1~2 | 28.4~34.5 | 1.83~1.92 | 90千克/平方米 | 北京市水产研究所（1984） |
| 硬颗粒（8441） | 秘鲁鱼粉5，豆饼40，麸皮45，大麦10，赖氨酸0.5，蛋氨酸0.4 | 26.9 | 2.24 | 92千克/平方米 | 北京市水产研究所（1984） |
| 硬颗粒（83-1） | 蚕蛹10，豆饼30，菜饼10，大麦10，麸皮13，米糠10，酒糟15，骨粉2，食盐多维1 | 30.1 | 1.98 | 77千克/平方米 | 湖北省水产研究所（1983） |

续表

| 类型 | 饲料配方组成（%） | 粗蛋白含量（%） | 饲料系数 | 单产水平 | 研制单位 |
|---|---|---|---|---|---|
| 硬颗粒 φ=4~6毫米 | 蚕蛹12，鱼粉5，豆饼80芝麻饼24，玉米5，麸皮20，米糠10，松针粉5，尾粉8，矿物20 | 30.1 | 1.72 | 107千克/平方米 | 湖北省水产研究所（1986） |
| 硬颗粒 | 蚕蛹30，米糠8，菜饼25，麸皮22，尾粉10，松针粉3，矿物质2 | 30.7 | 2.1 | | 湖北省水产研究所（1987） |
| 硬颗粒 | 鱼粉10，豆饼50，麦麸22，玉米粉10，酵母粉5 | 32.9 | | | 辽宁省水利厅（1986） |
| 硬颗粒 | 鱼粉10~25，豆饼30~50，玉米10~25，麸皮10~20，土面10~15，多维无机盐3.5 | 32~36 | 2.13 | | 吉林省永吉县（1987） |
| 硬颗粒 | 鱼粉10，豆饼50，玉米40，混合盐1，多维0.02 | 30.8 | 1.65 | | 大连水产学院（1986） |
| 硬颗粒（电算） | 血粉6.8，蚕蛹13.0，棉饼47.7，豆渣12.5，三等粉18.0，添加剂适量 | 33.1 | | | 湖北省水产研究所（1986） |

续表

| 类型 | 饲料配方组成（%） | 粗蛋白含量（%） | 饲料系数 | 单产水平 | 研制单位 |
|---|---|---|---|---|---|
| 硬颗粒 | 鱼粉5，豆饼30，玉米粉15，麦麸40，稻草粉8，食盐1，矿物添加剂1 | 30.0 | 3.5 | | |
| 硬颗粒（电算） | 血粉7.1，蚕蛹12.7，豆饼18.3，棉饼24.8，米糠11.2，豆渣11.2，三等粉22.7，添加剂适量 | 31.6 | | | 湖北省水产研究所（1984） |

国内罗非鱼饲料配方

| 类型 | 饲料配方组成（%） | 粗蛋白含量（%） | 饲料系数 | 研制单位 |
|---|---|---|---|---|
| 硬颗粒 | 豆饼50，鱼粉10，麦麸40（另加多维骨粉、羧甲基纤维素备1） | 34.1 | 1.7~2.1 | 上海市水产研究所（1980） |
| 硬颗粒 | 泥炭粉30，菜籽饼35，大麦20，麸10，鱼粉5 | 25.3 | 3.1 | 浙江淡水水产研究所（1978） |
| 硬颗粒 | 米糠45，豆饼35，蚕蛹10，尾粉8，骨粉1.5，食盐0.5 | 27.1 | 2.27 | 长江水产研究所 |
| 硬颗粒（幼鱼） | 麦麸30，豆饼35，鱼粉15，玉米粉5，槐树叶粉5，大麦8.5，生长素1，食盐0.5 | 34.6 | 2.03 | 长江水产研究所（1978） |
| 硬颗粒（网箱） | 鱼粉，蚯蚓（干）5，豆饼29.2，麦麸24.3，猪粪39，生长素1，食盐0.5 | 29.4 | 1.2~2 | 湖北省水产研究所（1981） |

续表

| 类型 | 饲料配方组成（%） | 粗蛋白含量（%） | 饲料系数 | 研制单位 |
|---|---|---|---|---|
| 硬颗粒（网箱） | 鱼粉8，豆饼5，芝麻饼35，米糠30，玉米8，麦麸12，矿物添加剂2 | 27.9 | 2.4 | 湖北省水产研究所（1988） |
| 硬颗粒 | 豆渣（干）20，鱼粉10，肉骨粉10，豆饼35，麸皮25 | 32.5 | 2.06 | |
| 膨化 | 麸皮27，豆饼32.5，鱼粉17.5，生粉20，酵母3 | 31.5 | | |
| 硬颗粒 | 豆饼30，麦麸50，玉米面10，贝肉粉10 | 22.6 | 1.93 | 山东淡水水产研究所 |
| 膨化（成鱼） | 鱼粉2，四号粉50，玉米粉5，黄豆粉5，米糠18，菜籽饼10，棉籽饼10 | 22 | | |
| 硬颗粒 | 鱼粉10，豆饼25，小麦皮65（另加蛋氨酸01.3，混合盐1，多维0.02） | 25.5 | 1.8 | 大连水产学院（1986） |
| 硬颗粒发酵 | 去氮除臭鸡粪25，尿素2，玉米20，麦麸30，酒糟10，豆饼10，麦芽2，鱼粉或血粉1（另加乳酶生25克） | 19.4 | 流水3.6 半流水3，温水2.1 | 河北省水产研究所（1987） |

3. **饲料的加工**  为了保证饲料的营养成分都能够均匀地分布在每一个颗粒中，确保鱼体获得全面营养，饲料加工时必须进行添加剂的预混合，经原料预处理、配合、搅拌等过程，最后进行制粒成型、干燥、包装等。

配合颗粒饲料加工工艺流程，可分为三个步骤。

（1）原料准备、检查及处理。各种饲料原料在加工之前，必须准备齐全。对所有原料,均须认真清除杂物,检查是否有霉烂、受潮、变质情况。根据制作要求,需粉碎的进行粉碎。一般鱼饲料原料粉碎的粒度成鱼为50~80目,幼鱼和添加剂则要求60目以上。

图 2-17　饲料的加工

（2）混合搅拌。将粉碎后的干粉原料（包括粗料和精料）,经调制后的半成品原料,添加剂预混料、黏合剂等按照饲料配方的比例,准确称量混合,用搅拌机充分搅拌均匀。

（3）颗粒成型。将混合搅拌均匀的粉状配合饲料加入水或水蒸气,通过颗粒成型机械,挤压成各种颗粒状饲料。颗粒饲料的直径依据所喂鱼大小而定。

加工成的颗粒饲料,经过干燥器使之干燥,如没有干燥设备,应在避免阳光直射的条件下晾干,以防饲料发霉、变质。

### 4. 成品料的贮存

（1）饵料应储存在阴凉、干燥处,避免阳光照射,不宜直接将袋装

# 第二章 鱼类的营养和饵料

饵料堆放在水泥地上。

（2）要防止饵料受潮，发霉变质。饵料变质后发灰，呈蓝、绿色，有霉味、潮湿、结块、颗粒变散。这种饵料不得喂鱼，否则容易使鱼生病。

（3）袋装饵料开封后应尽快用完，或用后扎紧密封，不要长期储存，应当在生产出厂后数周内用完。因为饵料营养尤其是维生素在生产后很快就会变坏失效。

（4）注意不要过量喂鱼，以免降低效益，影响水质，同时浪费饵料。

## 三、投饵技术

### （一）饵料台的制作

饵料台（又称食台）是网箱投饵养鱼不可缺少的工具之一，特别对沉性面团、糊状或碎屑状以及颗粒饵料尤为重要。即使是浮性颗粒饵料也会因吸水而很快下沉，必然有许多饵料沉底而流失。所以如何使用饵料台是节约成本、提高效益的一项重要的技术措施。

我国目前所采用的食台，种类很多，材料、结构、形状、大小各种各样。试验表明，比较理想的食台是采用尼龙筛绢（60~80目）或0.12~0.25毫米的聚乙烯单丝编织的致密网布作食台台底，用2~11毫米网目和聚乙烯网布作食台周边，缝制在钢筋撑架上。这种食台既抗浸泡、结实、耐用、易洗刷，又有较强的滤水性能。

食台的形状以圆形为好，面积以1~2平方米为宜。较为适用的食台有两种类型：一种是用直径8毫米的钢筋焊接成1平方米、高25厘米的框形食台；另一种是用直径10厘米的钢筋焊接成直径120~160厘米、周过高25厘米的圆框形食台。

食台的大小，一般来说对投饵的效果（即饵料利用率）不会产生很大的影响。大食台只是多容纳摄食鱼群的数量而已。食台单位面积与投饵量多少，显然是有一定的影响。但如果投饵量（湿重）每平方米面积控制在4~8千克，其影响就不太明显了。对于投喂浮性颗粒饵料，须有集饵框并且采用少量多次的投喂方法，这样对于食台的要求就不那么严格了，一般有简单的食台装置即可，甚至不用食台也可以。

图 2-18　食台的形式

## （二）投饵方法

要使网箱养鱼获得最佳经济效益，降低饵料系数是一条重要途径。而降低饵料系数的关键，除选择最优饵料配方和研究合理的日投饵量外，投饵方法也是一个重要方面。如果方法不当，同样会影响养殖效果和提高饵料系数。因此，如何给网箱内鱼类进行合理投饵、投饵的最适宜时间、每日投饵次数及投喂方法等问题都是很有讲究的。

一般情况下，刚放入网箱1~2天的鱼种，往往沿着网箱内壁成群转游或跳跃，这说明鱼种还不适应网箱的新环境，这时的鱼种摄饵不积极。

第二章　鱼类的营养和饵料

因此，最好在放养后过 1~2 天再开始投饵诱食，并且观察其摄食状态。在初期投喂时，要用适度的响声将箱鱼诱集至食台附近后再行投饵，使箱鱼形成听到响声即来食台摄食的条件反射。在这种情况下进行投饵的效果较好，时间也用时短，一般 10 分钟左右即可。每天的投喂量可分 4 次投完。饵料可采用直径为 3~5 毫米的颗粒饵料。在初期诱食取得良好效果的情况下，当水温在 15~16℃时，一般可采用以下渐进的投饵方法，即投喂 1% 的量 2 天；1.5% 的量 2~3 天；2% 的量 2~3 天；2.5% 的量 2~3 天；在投喂开始后 10~12 天就可用的 3% 量进行投喂了。在箱鱼聚集良好的情况下，即使一开始就投入每次投饵量的 40%~50%，所投饵料也能很快被摄取，不致流失，但剩余部分饵料就应缓慢地投给。

在前一天还正常摄取的箱鱼，如果突然对声响不产生条件反射，投饵后出现聚集不良时，首先要检查网箱有无异常。若网箱有损坏，就会有部分箱鱼从网箱损坏处逃掉，也会惊扰整个网箱中的鱼群。产生上述情况时，箱鱼可能会因此而减少三分之一，摄饵量可能减少一半。网箱的破损处修理好后，到箱鱼恢复正常的摄食状态大约需要 6~7 天。如网箱无异常，就要检查网箱附近有无外界的刺激。例如在水浅的场所，网箱的底部容易接触底泥或部分陷入泥中，这些都会影响网箱中鱼群的聚集，只要将网箱提起脱离底泥，鱼群不久就会恢复正常的摄食状态。

在饲养期间，只要水温上升或保持正常。箱鱼的摄食量一般都会增加，摄饵所需时间也会较长一些。在投饵过程中，需要注意季节的变化。特别是在进入秋季以后，当水温逐渐下降时，投饵量就要相应减少，这时按原投饵量进行投饵所需时间如果超过 25 分钟，就要停止投饵，不然则会使箱鱼的摄饵条件反射消失，造成盲目投饵，浪费饵料。所以，需要在 1~2 天内将投饵量减少一半，以待摄饵状态恢复正常后酌情增加投饵量。在投饵过程中，如果投饵量不是根据投饵标准来确定时，则通常可每隔

3~5天增加一次,每次比前次的投饵量增加6%~10%。

### (三)投饵量的确定

有了好的饵料配方和适用的饵料性状,要取得好的养鱼效果还必须有正确的投饵量。这需要根据各养殖对象及其生长过程中鱼体的变化、水温、季节的推移,随时调节每日的投饵率(投饵量/鱼体重)。一般来讲,养殖鱼类在某一养殖条件下的日投饵量,要控制在其饱食量的80%(网箱内鱼类在一天中所能摄取的最大饵料量称为饱食量)。鱼类的摄饵量除因种间的生物学特性不同而有差异外,主要与鱼类个体的规格大小及水温高低有关。如果出现日摄食量减少的情况,那就是不正常的摄食状态,应引起注意,及时检查原因。在正常摄食的情况下,投饵率随水温的上升而增加,随鱼体的增加而下降。正确的投饵量应根据不同水温及不同大小鱼体的投饵率进行合理估算。

一般是每隔20~30天测定网箱内鱼群实际增重情况,并重新调整日投饵量,这样才能做到在饲养过程中,始终有一个较为合理的日投饵量指标,以便以较低的饵料系数,取得较高的经济效益。过高或过低的投饵量,对养鱼的效果都是不经济的。投饵率过低,鱼体得不到快速生长,影响生产效益;投饵率过高,会造成浪费和鱼类饱食引起鱼病,同样会使生产效益降低。同时应注意若投饵10分钟以上时,仍残留有未吃完的饵料,就是投饵过量,应及时调整投饵量。

### (四)投饵次数

日投饵次数是影响投饵效果的主要因素之一。每天的投饵次数过多,会使日投饵量过于分散,引起箱鱼争食,结果造成强者饱食,弱者挨饿,吃食不均,对鱼类生长极为不利;反之,次数过少则每次投饵量过于集中,不仅使箱鱼长期处于一时饱食、多时挨饿的状态,而且还因饵料过多,箱鱼未及时摄取就已流失,造成饵料浪费。

## 第二章 鱼类的营养和饵料

每天投饵次数的多少,应视水温高低、日照长短和养殖鱼类规格大小而定。一般是水温高、日照长、鱼类规格小时,投饵次数要多;反之则少。培育鱼种时,每天要投喂4~6次;饲养成鱼时,每天要投喂3~4次;当水温下降到20~15℃时,每天可投喂2次;水温下降到25~10℃时,每天投喂一次;水温不足10℃时可以停喂。选择适当的投饵时间,可以提高鱼类的生长速度,减少饵料损失,增加养殖效益。

图2-19 投饵

# 第三章　网箱养鱼的管理

## 一、网箱的日常管理

### (一) 鱼种入箱

**1. 鱼种的选择**　鱼种是网箱养鱼的物质基础，投放体质健壮、规格合适的优良鱼种，是获得高产的先决条件。

图3-1　鱼种入箱

网箱养鱼对鱼种质量的要求主要有两点：首先是鱼种的体质，鱼种必须无病。健康鱼种的检查关键指标是：整批鱼种的肤色一致，鱼体鳞片完整、无溃疡、无脓疱、无斑点和无鳍条破损。其次是鱼种的规格，鱼种进箱的规格直接影响到商品鱼规格的大小，为使商品鱼能达到一定的市场销售规格，所放养的鱼种亦选用相应合适的规格；而且入箱鱼种的规格应均匀整齐，大小符合养殖成鱼网箱的网目，鱼种以不易穿过网目逃脱为宜。现推荐网目为2.5厘米的网箱，放养的鱼种应达到15克尾以上；凡每尾40克以上的鱼种可使用网目为3厘米的网箱；每尾100克以上的鱼种可用网目为3.5~4厘米的网箱。

**2. 放养时间的选择** 提倡鱼种入箱在秋季进行，因为秋季是鱼种体质最佳时期，入箱后鱼体有恢复期，早春开食早、起步快。

秋放应在秋收结束后进行，时间大约为10月中下旬，此时池塘水温在15℃左右，水库水温在20℃左右，入箱鱼种还有近一个月的进食期，越冬前体质已得到恢复并有增重，对安全越冬有重要意义。不利的方面是增加入箱鱼种冬季沉箱管理工作。

春放鲤鱼种在河北省的中南部地区以3月末4月初为好，此时池塘水温已回升到15℃左右，水库水温在10℃左右，有利于运输。罗非鱼入箱时间在5月下旬以后，水库水温稳定在20℃以上时进行。

不论春放还是秋放都应选在晴天，无大风以及降温的天气进行。

**3. 准备工作与运输**

（1）准备工作  设置网箱的水域确定后，首先要把网箱装配好。在装配网箱时一定要严格检查网箱是否有破洞，拉力强度（老化程度）如何，其他各部件结构是否紧密牢固，操作要谨慎，切勿被钉子或其他硬物挂破。然后，在鱼种进箱前的4天将箱放入指定的水域中，经过4天的浸泡，网衣比较平滑，可减轻鱼种刚进箱时与网箱碰撞和摩擦而出现的体表损伤。

（2）鱼种运输  此环节的要点是严格鱼种出塘操作程序，减少鱼体创伤，保证鱼体健壮。

图 3-2 鱼种运输

鱼种出池前的准备工作：

①停止喂食。鱼种装运前应停食 3 天，使鱼停止生长，并排出体内粪便，减少运鱼水体污染。

②调节水温。罗非鱼养殖池应在 48 小时前开始缓慢降温。鲤鱼池、水库水温相差较大时，也应采取鱼池调温措施，或装载水体调温措施。温差不得大于 5℃，短时间温差不得大于 3℃，超过鱼的水温适应温度范围是造成死鱼的主要原因之一。

③消毒灭菌。用石灰、漂白粉等全池泼洒，以消毒灭菌，或对症用药。

④拉网锻炼。拉网的目的是使鱼的鳞片紧密不易脱落，鱼体肌肉含水量降低，提高鱼对运输条件的适应性。

⑤密集捆箱。密集捆箱可以提高鱼忍受高密度的能力，也可减少鱼

体表黏液，有利于保持水质良好。

⑥抽样验收。对鱼体质、规格和病情进行检查。

（3）鱼种装运

①装运鱼种的车辆、设备。装运车辆，视运输距离、任务大小、运输条件而定，一般以汽车装运较为方便。汽车有专用活鱼运输车，其优点是设备配套齐全，载运量大，安全性能好。生产单位大多采用普通载重汽车安装专用鱼篓或大帆布装水运鱼。要求车辆性能良好，车槽要高，装水篓（或帆布）要牢固不漏水，篓、箱内要衬垫塑料薄膜，还应备有供氧、供气设备。

②装运密度。装运密度应根据运输距离、行程时间、气温、水温、路情车况、鱼体大小等多种因素全面考虑，事前制订好装运计划，做到扬长避短，权衡合理安全的装运数量。汽车运输，一般每立方米水体装运100千克左右的鱼种。

③装卸要求。要预先集齐鱼种，备好运输工具。操作要轻稳，动作要准快。

（4）运输管理

①中途押运管理。鱼种装车后必须有专人押运，随时看水、看鱼、看设备，对出现的不正常现象要及时采取相应措施。

②车速管理。合理调整车速，严防急刹车、全速急转弯和中途无故停车。

③卸车前药浴防病。运输车辆在到达目的地卸车前半小时内，要施用防病药物进行全面药浴（注意事项和施药方法见鱼病防治部分）。

（5）入箱反应　放入网箱的鱼种，如出现成群下潜，游动活泼或蹦跳或沿着网边成群环游等现象，表示正常；如果鱼种入箱后不成群下潜，而是散开或缓游于水面，则是不祥之兆，极可能会大批死亡，应当及时追查原因，采取相应措施补救。

一切正常的鱼种，应在入箱后 1~3 天，便能逐渐开始摄食，并转入正常饲养状态。

### 4. 鱼种放养时的注意事项

（1）放种时间与水温　提早放种能延长养殖时间，是增产增收的有效措施。但受鱼种供应和水温的限制，不能放种太早。网箱养鱼放种时间宜选择 4~6 月，水温在左右 20 度时较合适。这时水温适宜，放入网箱的鱼种成活率高，适应期短，能及早转入正常生长阶段。鱼种食欲强，生长快，容易获得高产。鱼苗入网箱时要注意装鱼苗容器内的水温与网箱水温的差值不得过大，要注意调节容器内的水温，使其接近网箱水温。

图 3-3　鱼种放养

（2）鱼种进箱前的处理

①鱼种锻炼：池塘培育的鱼种在进箱前必须拉网锻炼 3~5 次，增强鱼种对网箱新环境的适应能力。鱼种起捕前 1~2 天还要停食，以适应捕捞、运输等操作。

②鱼体消毒：鱼种在放养网箱前，难免带些病原体，进箱后，一旦

条件适宜，病原体便会繁殖起来而诱发鱼病。因此，在入箱时，要进行鱼种病原体及体表检查，首先将病、伤、残的鱼种挑去，不要入箱养殖。然后对欲入箱的鱼种，用药液浸浴进行鱼种消毒。可用 3%~4% 食盐溶液浸洗鱼种 5 分钟；也可用十万分之一的孔雀石绿溶液浸洗鱼体 5~10 分钟；或用 5% 食盐加 0.5% 小苏打水溶液浸洗，时间视鱼种忍受程度而定。

（3）放种操作　应注意动作轻快、熟练，避免鱼体损伤。有风的天气，要在网箱上风处放种，以免鱼苗在下风处被风吹到网边致死。注意避免鱼种剧烈跳动，防止其逃逸。鱼种进箱一周内，为网箱养鱼适应期，要密切观察放养鱼种的活动情况，发现死鱼及时捞出。一周后，鱼种已基本适应网箱内生活，就可以转入正常饲养阶段了。

## （二）日常管理

日常管理就是从苗种进箱到养成预计规格成鱼的日常工作。在鱼种、饵料等都得到满足的前提下，网箱养鱼的管理工作十分重要，即"三分养，七分管"。加强饲养管理、防止逃鱼和检查鱼类生长是保证网箱养鱼丰收的重要措施。

日常管理工作，大致包括下列几个方面：

（1）经常巡视，观察鱼类的动态，有无鱼病的发生和活动不正常等情况，检查了解摄食情况和清除残饵，以便采取相应的措施。

（2）保持网箱清洁，随时清除挂在网箱上的杂草污物，勤洗网箱，保持水体交换畅通。

（3）饵料的配制和加工，必须一丝不苟地按配方和加工技术的要求执行。加工好的备用饵料，必须干燥后装袋贮存，妥善保管，不得发霉变质。

（4）在网箱养鱼过程中，要每隔 20~30 天进行一次生长检查。检查时，随意捞取成鱼 20~30 尾，或鱼种 50~60 尾，经过数数、称重、计算出平均尾重，然后再推算网箱内鱼群总重，以此调整日投饵量。

科学养鱼与疾病防治

（5）鱼种进箱的7天内伤重死亡的鱼应随时捞出，并逐条记录，以便准确掌握网箱内鱼群的存活数量。

（6）要及时防治鱼病，鱼病季节坚持定期药物预防和食物、食台消毒。如发现死鱼和严重病鱼要立即捞走，并分析原因，采取适当的治疗措施。同时要防止有毒污水的流入，以免引起鱼类中毒造成大量死亡。敞式网箱要防止水鸟危害，在网箱边扎几个稻草人，挂在竹竿上随风飘动，惊走来袭的鸟类。

（7）在网箱设置区内，要严禁划船、游泳、捕鱼、观赏等活动，以保证网箱内鱼群有良好的、安静的生活环境。

（8）进行安全检查，严防逃鱼。每天检查一次网箱是否有破损，特别要检查箱底有无漏洞，缝合处是否牢固，这是鱼类最易逃走而又不易

图3-4 进行网箱安全检查、严防逃鱼

及时发现的地方。防逃检查最好在傍晚和次日早晨进行。其方法是管理人员站在小船上将网箱四周的网衣轻轻提起，仔细观察网衣是否有破损，特别要仔细察看离水面30厘米左右处的网衣，因网箱在刚放入鱼种时总

免不了有死鱼现象。各种网箱外的野杂鱼，特别是水老鼠最容易被诱集来侵袭网箱。而水老鼠咬网的部位,绝大多数在离水面30厘米左右的地方。检查时，发现网衣破损需立即补好。网箱养鱼在国外常被称作冒险渔业，它的风险大，前一天网箱内鱼群密集，觉得丰收在望，但可能在第二天因逃鱼而失败。水老鼠是我国网箱养鱼最常见的敌害，要特别引起重视。网箱设置在交通要道、船只来往频繁的处所时，应确定专人日夜管理。发现破损要及时修补，严防逃鱼。汛期及台风期间，水位变化急剧，要经常紧松锚绳。台风来前要加固竹桩，攀拉铅丝，准备好抢险器材（毛竹、棕绳、铅丝等），日夜防守，防止因不慎而造成损失。水位下降时，要紧缩锚绳，及时移动位置，防止箱底着泥和挂在障碍物上。

（9）定期检查鱼体，做好网箱饲养日志。通过检查，随时掌握鱼类的生长情况，不仅为投饵提供了实际依据，对产量的估计也有了资料。一般要求一个月检查一次，分析存在问题，及时采取相应措施。网箱日志应包括：日期、天气、水温、鱼病、投饵种类及数量、鱼类活动情况等。

## （三）灾害天气时的管理

主要指防台风、暴雨和洪水。在刮台风前必须检查网箱的框架和桩柱是否牢固，固定式网箱要加固绳索，检查结扎处有无松散；浮式网箱要防止网箱底部与湖底着泥，以及因摩擦而引起断线和破网。

洪水可以使网箱设置区的水流加快，冲垮网箱桩或浮式网箱走锚移位。洪水水位升高可使固定式网箱没顶逃鱼。因此，在洪水季节前，必须加固网箱，加高网箱露出水面的网衣。必要时，将开口式网箱加盖封顶。

无论是台风还是暴雨或洪水，过后要立即检查网箱，箱体有无破损、桩和绳索是否毁坏，鱼群有无死亡，一旦发现问题，应立即修复。

## （四）网箱的清洗

大量的有机生物体在网壁上附着生长繁衍会堵塞网目，使网箱内外

水体交换受阻,从而影响到箱鱼的正常生长。清除网箱上的生物淤塞常采用如下几种方法:

**1. 机械清洗法** 使用喷水枪、潜水泵,以强大的水流把网箱上污物冲落,这样可以减轻劳动强度,提高工效,是目前普遍采用的方法。

图3-5 机械清洗法

**2. 沉箱法** 丝状绿藻在水深1米以下很难活,因此把封闭式网箱下沉至水下1米处,可减少网目上的附着生物而保持清洁畅通。但因光是藻类生成繁殖所不可缺少的能源,网箱下沉到光补偿深度,不仅影响网箱中饵料生物,也影响鱼的新陈代谢、生活习性及索饵。因此,沉箱内的鱼类生长速度、产量显著地低于浮箱,这是一个矛盾,得失是否相当尚待进一步研究。

**3. 加盖法** 鉴于沉箱法中的矛盾,目前在小型网箱养鱼时,可采用加盖不透光的箱盖来加以控制,使附着生物得不到阳光而死亡。

4. **阳光暴晒法** 把二分之一箱体露出水面让烈日暴晒,把附着生物晒死,然后转换另外二分之一箱体去晒。此方法对网箱的寿命有不利影响。

5. **药物清洗法** 把箱体网片各小部分轮流露出水面,洒上石灰水或草灰,使附着生物得不到阳光而死亡。或用 0.7~1.0 毫克/千克的硫酸铜溶液泼洒于网片上,该法对杀灭丝状藻类有一定的效果。

6. **生物清污法** 利用某些养殖吞食网箱上的附着生物,既可充分利用网箱上的生物,又增加了养殖品种,提高了网箱的鱼产量。鳊鱼、罗非鱼、鲮鱼、鲷鱼等杂食性鱼类,喜刮食附着藻类,吞食丝状藻类及有机碎屑,特别是鲷鱼,有食场"清道夫"之称。鳊鱼也是清除附生生物的好手,据有关单位试验,每平方米放养体长约为 12 厘米的鳊鱼一尾,网箱上附着生物基本上可被清除,年终可长到 250 克左右。"以鱼清污"已在不少单位试养中取得一定效果,此法值得借鉴。

## (五)收捕

捕捞是网箱养鱼的最后一道工序。当网箱中的鱼群达到预定的收捕季节、产量和规格要求时,或因市场急需就可收网起捕。在决定起捕时,一般可于捕 1~2 前天停止投饵。由于网箱饲养方法不同,网箱结构类型各异,起捕方式也不一样。

1. **小型浮动式网箱的起捕**

(1)把网箱底框四角用绳索吊在浮子框四角上(减少移动时的阻力和防止被外物刺破),解开拴留绳索,把网箱拖到平坦无障碍物的浅水区,就可以在浅水区涉水起网捕捞。

(2)用两只小船在深水区就地捕捞,捕捞时用竹竿横穿网底框,把鱼群驱集于网箱一角或把网衣全部收到船上,只留出一角,用小抄网捞取。

2. **沉下式网箱起网捕捞** 首先把网箱下沉装置(如坠石等)卸掉,使网箱浮出水面,以后再按浮动式网箱捕捞。日本的某些网箱,为了适应海洋的生态环境（大风浪、水流），网箱下沉较深，在盖网框上装有筒网，有的下部也装配筒网。所以在设置场所起捕时，将网底框拉起挂在盖网框上，后以不装筒网的一侧开始逐步收绞网衣，通过下部的筒网将鱼驱至捕捞用的小网箱。用这种方法，一般36立方米大小的网箱，只需两人就可进行作业。

图 3-6　网箱起捕示意图

## 二、网拦养鱼的类型

网拦养鱼按围拦所用的材料可分为网拦、箔拦等形式，是指在湖泊、河道的水口域横断面上，用竹箔或网衣拦截，但拦养的网（箔）不形成封闭结构。为此拦网（箔）两端连接陆地，一般的外荡养鱼和河道养鱼，

第三章　网箱养鱼的管理

均属这种类型。我国早期常用的是竹箔，近来由于毛竹的来源紧张而兼用网片。常见的拦养设施有以下几种：

1. **瞒牢箔**　亦称拦塞箔。以竹箔或网箔作一字形横断河面，因它无箔门而不能过船，这种箔多见于小型无交通船只进出的水流极缓的河道。瞒牢箔的功能纯属拦鱼而不兼通航。

2. **直过箔**　网箔一字形横亘河面，多见于小型湖荡的水口及河道，一般建在口子小、水流不急，但经常有船只进出的地方。与瞒牢箔不同的是，直过箔中间会开一道箔门，可以让小型船只通过。

3. **兜底箔**　网箔呈"V"形或"W"形，横断河面，多见于大中型河道或小型湖泊口子较大、水流较急的地方。由于此处水流较急，如以直过箔形式拦断河面，会因水流过急而被冲垮。故需增加围拦设备的横断面长度，以分散水流、减轻洪水对围箔的冲击力。

4. **桥兜箔**　网箔呈"⌐⌐"形，常设置在桥孔的水流处，可增加滤水面积，减少水流对网箔的压力。桥兜箔的箔口宜放在正对桥孔的正中，使水从倾斜的两边分散出去。

5. **弓形箔**　整个网（竹）箔呈弧形，常设在水流急的口子上。弧度凸出的一端对着水流，箔门设在网箔的正中。必要时，还可在下水流一侧用撑桩支撑竹（网）箔。网箔呈弧形的目的是分散水流。

## 三、网拦养鱼的水域选择

网拦养鱼，一般是指利用自然水域的某一部分，采取一面、两面或三面拦网而成。所以，任何水域只要深度和水质适宜，均可进行网拦养鱼。例如，利用湖港（汊）、库湾养鱼，只设置一面拦网；利用河道养鱼，要设置两面拦网；利用湖边库边或其他大水域的某一边侧养鱼则要设置三面拦网。湖泊、水库的湾汊口宜小,过大成本高而且管理不便。

图 3-7　网拦养鱼

网拦的水域,不仅要求水质良好,水温高,要求水位相对稳定,水深常年保持 2~3 米,底部平坦,无毒废水污染,水草资源或浮游生物丰富。水流与落差流速一般要求在 0.1~0.3 米/秒,缓而不急,流速过大,不利于肥水保持,特别是放养鲢鱼、鳙鱼为主的养鱼水流速不宜过大。在枯水期,栏网的湾汊至少能保持 1~1.5 米水深。特别在拦网处的底部要多淤泥,软硬适中,便于立桩拦网。

网拦养鱼的面积和形状,除湖港、库湾受自然条件限制外,其他水域可以因地制宜,按需拦截。网拦的面积一般宜为 10~50 亩,大者可近百亩。网拦的形状也要因地制宜,以有利于节约拦鱼设施和便于管理为原则。

网拦养鱼是各种水域都可采用的一种养殖方式,也是渔业生产的一条较好途径。

第三章 网箱养鱼的管理

## 四、网拦养鱼的设施

### （一）网拦结构

**1. 网拦设备的重要性** 拦鱼设施的好坏，是网拦养鱼成败的关键，是网拦养鱼能否获得成功的先决条件。目前有些养鱼场网拦养鱼效益不高，其主要原因常常由于拦鱼设施和管理工作出了问题。

**2. 拦鱼设施的结构和形状** 拦鱼设施一般都建在进出水口上，现在常用的为毛竹（或杉木）做桩，然后将拦鱼网片固定在桩架上，拦截于水口，达到过水拦鱼的目的。

图 3-8 竹桩栏鱼

（1）网拦竹桩 网拦竹桩由下列各桩组成：

①正桩（座桩） 是网拦竹桩的主桩，主要作用是与碰桩夹住网拦网衣，防止栏网设施被水流冲倒，桩的排列密度应根据水流情况而定，一般桩距 1.5 米~2.5 米。桩入泥 1 米~1.2 米。

②碰桩　位于正桩对面，正桩和碰桩的距离为10~20厘米。

③门桩　打在箔门两侧的桩，保护箔门，门桩间的距离20~25厘米。

④撑桩　为了加固拦鱼设备，防御大风大浪吹打而设。设在上下栏杆之间的倾斜桩。

⑤栏杆和水杠　栏杆是连络各桩之间的横竹，分成二道。设在距桩顶20厘米的一道称上栏杆，位于常年水位下30厘米的一道称下栏扦。水杠设在下栏杆下，用以固定夹紧栏网的作用也可用塑料绳代替。

（2）栏网　由3×2厘米或3×3厘米的聚乙烯线编织成的网片。网目大小根据放养鱼种规格来确定。网片长度根据栏网湾汊口长度按水平缩结系数为0.62、垂直缩结系数为0.74进行剪裁，装上钢绳，上、下网均为60×3厘米聚乙烯绳，上绳固定于正桩上；下绳连接石笼，并埋入泥底。以防底层鱼钻逃。

（3）过船箔门　用软箔丝编织而成，下端插入泥中15~20厘米，上端高出常年水位30厘米，大门的宽度比箔门左右各宽30~50厘米。宽出部分叫翼头，为不开口的扁丝编成。两侧与门桩处的座箔连结起来。在水下1米处和离底20厘米处，各缚一根毛竹。与之相对一面用条宽5~6厘米的竹片，夹住大门帘，以增强门丝弹力，此物易于恢复原状，不使鱼类外逃。

# 第四章 鱼病的药物防治

## 一、鱼病的常用药物

### (一) 外用消毒药

消毒是指清除或杀灭外环境中的病原微生物及其他有害微生物。可用于杀灭观赏鱼类和观赏水生动物的体表寄生微生物的药品,均称消毒剂。它们对于病原体和机体的组织细胞有同样的损害作用,所以只能供外用或仅作消化道消毒(限于不能吸收的化学药品)之用。用于观赏鱼类的消毒剂有醛类、卤素类、氧化剂、盐类、碱类、重金属盐类、染料类和抗菌药物等。

#### 1. 外用药的分类

(1) 福尔马林

【理化性质】含甲醛37%~40%,并含有8%~15%甲醇。甲醇作为稳定剂,可以防止甲醛聚合,以利于福尔马林溶液的长期保存。福尔马林为无色澄清液体,有强烈的刺激性气味。沸点为96℃,相对密度为1.08~1.6克/立方厘米,呈弱酸性。当放置太久或温度降至5℃以下时,易凝聚成白色沉淀物。产生了白色沉淀的福尔马林溶液,加热后可再变得澄清。

【作用与用途】对各种微生物、寄生虫具有杀灭

图4-1 福尔马林

作用。用于消灭鲤科鱼类体表和鳃部的病原微生物和寄生原生动物类，也可用于水体消毒。

【用法与用量】药浴：20~30毫克/升。

（2）漂白粉　漂白粉为含氯消毒剂，是将氯气通入消石灰中而制成的混合物，主要成分为次氯酸钙（32%~36%）、氯化钙（29%）、氧化钙（10%~18%）、氢氧化钙（15%）及水（10%）。

【理化性质】漂白粉为白色颗粒状粉末，有氯臭，能溶于水，溶液呈混浊状，有大量沉渣，稳定性差，可在空气中逐渐吸收水

图4-2　漂白粉

分遇二氧化碳而分解。在一般保存过程中，有效氯每月可减少1.3%。放在暗处或棕色容器内可保存很久，若保存不当，遇日光、热、潮湿等，分解反应加快，在酸性条件下，可迅速分解，产生大量的氯。漂白粉含有效氯25%~32%，一般按含有效氯25%计算用量，若低于15%则不能使用。故使用前若有条件，可先用中国科学院水生生物研究所研制的"水生"漂白粉有效氯测定器或碘量法测出有效氯含量，之后再计算出实际用药量，以保证药效。

【作用与用途】漂白粉为广谱消毒剂，加入水中生成具有杀菌能力的次氯酸或次氯酸盐离子，对病毒、细菌、真菌均有不同程度的杀灭作用。其水溶液含大量氢氧化钙，可达24%的占比，因此呈碱性，从而可调节水体pH值。

【用法与用量】预防：挂篓和遍洒，每月1~2次。治疗：遍洒，使

水体呈 1 毫克／升的浓度。

【注意事项】使用前先测定有效氯的含量，然后按校正浓度调整用药量，并保存在密闭容器内，置于阴凉、干燥通风处。

（3）漂白粉精

【别名】次氯酸钙。

将氯化石灰乳经过结晶分离，再溶解喷雾干燥即制成漂白粉精。

【理化性质】漂白粉精为白色粉末，有氯臭，易溶于水，有少量沉渣。含杂质少，受潮不易分解，常温保存 210 天仅分解 1.87%。含有效氯 80%~85%，一般按含量有效氯 80% 计算用量。溶液呈碱性。

【作用与用途】同漂白粉。

【用法与用量】预防：挂篓和遍洒。治疗：遍洒，使水体成 0.1~0.2 毫克／升的浓度。

【注意事项】同漂白粉。

【使用评价】漂白粉精和漂白粉具有广谱杀菌作用、价格低廉等优越性，故为我国渔业生产中最普遍使用的一种消毒剂。漂白粉精的有效氯含量高，溶解性、稳定性均较好，因此有逐渐取代漂白粉的趋势。

（4）二氯异氰尿酸钠

【别名】优氯净。

【理化性质】二氯异氰尿酸钠为白色晶粉，氯气味浓，含有效氯 60%~64%，一般按 60% 计算用量。性状稳定，一般在室内保存半年后，仅降低有效氯含量 0.16%，易溶于水，25℃时，溶解度为 25%，溶液呈弱酸性，溶于水中产生次氯酸。

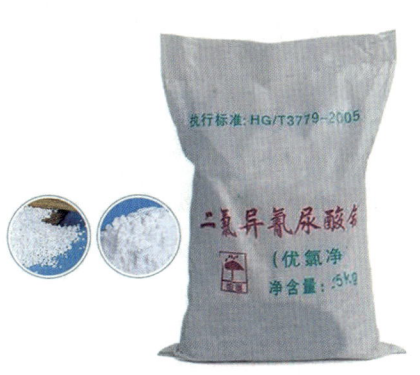

图 4-3　二氯异氰尿酸钠

【作用与用途】广谱杀菌。其主要杀菌活性物为氯化尿酸。在溶液的作用下，在水体中逐步产生次氯酸，由于次氯酸有极强的氧化作用，极易作用于菌体蛋白，而使微生物致死。用于防治多种细菌性疾病。

【用法与用量】预防：挂篓或遍洒。治疗：水体消毒。遍洒，使水体成0.3毫克/升的浓度；内服，每100千克鱼用1.7克，混入饲料中，1天1次，连服3天。

（5）三氯异氰尿酸

【别名】国际商品名为TCCA；国内商品名为强氯精。

【理化性质】白色粉末，微氯臭味。市售品种有两种，一种商品名为强氯精，含有效氯85%，溶解度为1.2%（25℃）；另一种商品名为鱼安，含有效氯80%~85%，溶解度为1.8%~2.0%（25℃），稳定性好，能长期贮藏。遇水、稀酸和碱都分解成异氰尿酸和次氯酸，在水中释放游离氯的稳定时间长。

【作用与用途】同二氯异氰尿酸钠。

【用法与用量】预防：①带水消毒，使水体成5~10毫克/升的浓度，1小时内野杂鱼、蚌、水生昆虫等被杀灭，间隔10天后放鱼，鱼生长良好，不发生细菌病。②遍洒，使水体成0.3~0.4毫克/升的浓度。

【使用评价】二氯异氰尿酸钠和三氯异氰尿酸药物比漂白粉等无机氯制剂杀菌力强，杀菌作用受到有机物影响小。其水溶液中有效氯是以次氯酸分子的形式存在，而漂白粉在水中释放的有效氯，则以次氯酸盐离子的形式存在。据测定，次氯酸分子的杀菌能力为次氯酸盐离子的100倍左右。其水溶液在相同有效氯浓度下，稳定性比漂白粉的有效时间长4~5倍，有良好的贮存稳定性。

氯化异氰尿酸释放后的残留物——异氰尿酸，经水中微生物分解成氨气和二氧化碳。

(6) 氯胺 T

【别名】氯亚明。化学名称为甲苯磺酰氯胺钠盐。

【理化性质】氯胺 T 为白色微黄晶粉,有轻微氯味,含有效氯 4.26%。性质稳定,密封保存一年。有效氯丧失低于 0.1%。易溶于水,25℃时溶解度为 12%,水溶液的稳定性较差。溶液为弱碱性。可形成次氯酸。

【作用与用途】氯胺 T 是一种具有广谱杀菌能力的消毒剂。其杀菌作用主要是由于其产生次氯酸,放出活性氯。但是由于次氯酸从氨胺中释放较从次氯酸盐中释放较慢,因此,杀菌效力较小,但作用时间较长。用于防治黏细菌性烂鳃病。

图 4-4　氯胺 T

【用法与用量】水体消毒。①遍洒:使水体成 2 毫克/升的浓度;②内服:混入饲料中,每 100 千克鱼用氯胺 T 50 克。

(7) 聚维酮

【别名】聚乙烯吡咯酮碘,简称 PVP—IO。

【理化性质】聚维酮为含碘消毒剂,是聚维酮与碘通过络合制备而成的络合物。有效碘含量为 9.0%~12.0%。聚维酮为水溶液体,是一种缓慢性释放较好的高分子药物。与纯碘相比,毒性小,贮存稳定。

【作用与用途】聚维酮为广谱消毒剂,对大部分细菌、病毒等均有不同程度的杀灭作用。

【用法与用量】预防:药浴。60 毫克/升,浸泡鱼卵 18~20 分钟;浸泡 2~4 厘米的观赏鱼类幼鱼 20 分钟。治疗:内服。每 100 千克鱼用含

164~191 克聚维酮碘溶液混合在饲料中投喂。

（8）高锰酸钾

【别名】过锰酸钾、灰锰氧。

【理化性质】高锰酸钾为深紫色或古铜色结晶，味甜而涩，无臭，易溶于水。在空气中稳定。

【作用与用途】消毒剂、杀虫剂。为强氧化剂，遇有机物即起氧化作用。因无游离状态氧原子放出，故不出现气泡。用于防治细菌性烂鳃病。

【用法与用量】药浴消毒。500 毫克/升浓度浸洗 1~2 分钟，治疗黏细菌病。

（9）氯化钠

【别名】食盐。

【理化性质】氯化钠为白色四方形结晶颗粒或粉末。能溶于水，其水中溶解度因盐酸存在而减少。水溶液呈中性，pH 值为 6.7~7.3。无臭，味咸。

【作用与用途】消毒、驱虫。低浓度的氯化钠对病原体的生长有刺激作用，是病原体生长所必需的，而在较高浓度时，则能抑制病原体的生长，更高浓度时可将病原体杀死。用于防治细菌、真菌以及引发的寄生虫病。

【用法与用量】药浴：1%~3%，15~20 分钟，可防治细菌。霉菌和车轮虫、斜管虫等疾病。遍洒：氯化钠与碳酸氢钠 1∶1 比例合用，（400+400）毫克/升，治疗水霉病、坚鳞病。

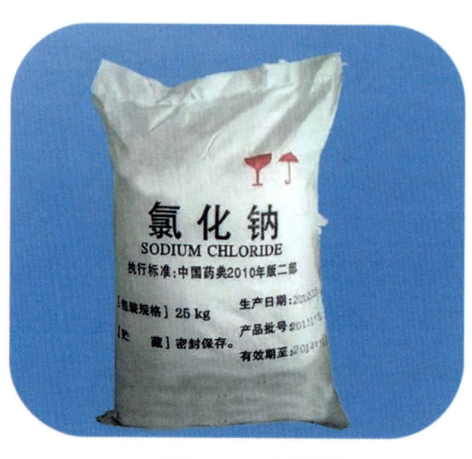

图 4-5　氯化钠

（10）生石灰

【别名】氧化钙、块灰。

【理化性质】生石灰为灰白色、块状。在空气中易吸水逐渐变成粉状熟石灰，熟石灰于空气中能吸收二氧化碳变成碳酸钙。其反应方程式如下：

$CaO+H_2O-Ca(OH)_2+$ 热

$Ca(OH)_2+CO_2-CaCO_3+H_2O$

图4-6　生石灰

【作用与用途】消毒剂。生石灰在水中氧化，并放出热，生成熟石灰——氢氧化钙。其作用为：

①由于碱基的游离，可以中和各种有机酸，改变酸性环境；

②杀灭水中的病原体；

③提高养殖水体的碱度和硬度，增加缓冲能力；

④钙离子浓度的增加，pH值升高。

同时，钙离子是水生动物不可缺少的营养元素。因此用生石灰无疑也起到了施肥作用。

【用法与用量】预防：在发病季节内，每月在食场周围池边泼洒1次。治疗：遍洒。每亩水深1米左右，用15.20千克，对白头白嘴病、烂鳃病、赤皮病、肠炎病等以及细菌性败血症都有一定的疗效。

【注意事项】所用生石灰必须是块状，存放时间不宜过长，否则，生石灰会吸收空气中的水分和二氧化碳，转化而成碳酸钙而失效。宜现买现用。

（11）碳酸氢钠

【别名】小苏打、重碳酸钠、焙碱。

【理化性质】碳酸氢钠为白色结晶性粉末或颗粒。约在50℃开始失去氧化碳，在100℃时全部变为碳酸钠。其水溶液在20℃时开始分解二氧化碳及水。易溶于水，其水溶液呈微碱性反应。

图4-7　碳酸氢钠

第四章　鱼病的药物防治

【作用与用途】驱虫及抗真菌的辅助剂。用于驱除鱼体外的寄生虫，碳酸氢钠与氯化钠配伍，能治疗水霉病。

【用法与用量】药浴：0.25%浓度，很快应能驱除体外寄生虫。碳酸氢钠与氯化钠1：1配比使用，（400+400）毫克／升，全池泼洒，治疗水霉病。

（12）硫酸铜

【别名】结晶硫酸铜、蓝矾、胆矾、孔雀石。

【理化性质】硫酸铜为蓝色透明三斜结晶，蓝色颗粒或淡蓝色粉末。在空气中缓慢风化，逐渐失去结晶水，变为白色。吸潮后又能变成蓝色的含水硫酸铜，如过于潮湿，也可以潮解，但不影响药效。易溶于水，水溶液呈酸性反应。

【作用与用途】杀虫、消毒剂。可杀灭鱼体外的寄生原生动物，也可用于杀灭复口吸虫、血居吸虫的中间宿主——椎实螺、扁卷螺等。还可用于杀灭鱼病病原菌。

图4-8　硫酸铜

【用法与用量】预防：挂袋法。可预防细菌性和寄生虫性疾病。药浴法：8毫克／升硫酸铜和10毫克／升的漂白粉混合液，浸洗20~30分钟，可防治烂鳃、赤皮、鳃臌鞭虫、鱼波豆虫、车轮虫、斜管虫和毛管虫病等。

（13）孔雀石绿

【别名】碱性孔雀（石）绿、品绿、盐基块绿。

【理化性质】盐酸盐为绿色金属光泽的结晶，极易溶于水，水溶液呈蓝绿色。草酸盐为带金属光泽的绿色片状结晶，易溶于热水和醇类，难溶于冷水。氯化锌复盐为黄铜色菱形结晶,易溶于水。

图4-9 孔雀石绿

【作用与用途】杀菌、驱虫剂。孔雀石绿是药用染料中抗菌效力强大的一类,属于三苯甲烷类染料。用于防治水霉病、烂鳃病、烂鳍病以及寄生虫病等。

【用法与用量】药浴:1~5毫克/升,浸洗1小时,用于防治烂鳃、烂鳍病;67毫克/升,浸洗5~10分钟,治疗水霉病。涂抹:1%孔雀石绿溶液涂抹亲鱼伤口,防止感染。

【注意事项】

(1)孔雀石绿绝不可接触锌或镀锌的铁质容器,因它可溶解足够的锌,引起鱼急性锌中毒,治疗时也应避光。

(2)孔雀石绿会引起鱼的消化道、鳃及皮肤轻度发炎,从而影响鱼的摄食及生长,故不能经常使用。

(3)孔雀石绿具致癌作用。

(14)亚甲蓝

【别名】品蓝、次甲基蓝、四甲基盐、盐基湖蓝、碱性亚甲天蓝。

【理化性质】亚甲蓝为发亮深绿色结晶或细小深褐色粉末,带青铜光泽,无气味,在空气中稳定,能溶于水,具碱性。

【作用与用途】杀菌、杀虫剂。亚甲蓝是劳氏紫染料的一种。属噻嚎类染料。用于防治水霉病、小瓜虫病等。

【用法与用量】药浴:2~3毫克／升。以同药量再泼洒1次,可治疗水霉病。

(15)黄色素

【别名】中性吖啶黄、盐酸吖啶黄、锥黄、三胜黄、吖黄素。

【理化性质】黄色素为深红色结晶性粉末,易溶于水。中性吖啶黄,水溶液呈中性;盐酸吖淀黄,水溶液呈酸性反应。

【作用与用途】抗菌、驱虫剂。有较广的抗菌谱。对革兰氏阳性细菌有较强的作用,对革兰氏阴性细菌也有一定的效果。同时,也具有抗某些病毒的作用。用于烂鳃、烂尾、烂鳍、水霉、小瓜虫等病的防治。

【用法与用量】药浴:5~10毫克／升或浸泡数小时至数天。用于黏细菌性疾病的治疗。

(16)呋喃唑酮

【别名】痢特灵。

【理化性质】呋喃唑酮为黄色粉末;无臭,初无味,后微苦。难溶于水,在pH值为6的水体中的溶解度为60毫克／升。

【作用与用途】抗菌药。用于治疗黏细菌性白头嘴病、烂鳃病和烂尾病和由产气单胞菌引起的体表、鳃和肠道疼痛。

【用法与用量】药浴:0.5~1毫克／升,30分钟。遍洒:0.025~0.05毫克／升,用于黏细菌疾病的治疗;0.1~0.2毫克／升,用于产气单胞菌疾病的治疗。

（17）红霉素

按无水物计算,每毫克的效价不得少于920个红霉素单位。

【理化性质】红霉素为白色或类白色的结晶形粉末;无臭,味苦;微有引湿性。在水中极微溶解。

【作用与用途】抗生素类药。用于治疗黏细菌性疾病。

### （二）外用杀虫药

#### 1. 外用杀虫药的分类

（1）福尔马林

【用法与用量】药浴;遍洒,使水体呈20~30毫克/升的浓度,杀灭寄生原生动物。用250毫克/升浸洗1小时,可治疗原生动物病、三代虫病。遍洒福尔马林与孔雀石绿合剂[（25+0.1）毫克/升],在32℃水温时,饲养3~4天,可有效治疗斜管虫病和小瓜虫病。

（2）硫酸亚铁

【别名】绿矾、铁矾。

【理化性质】蓝绿色单斜结晶。无气味。在干燥空气中风化,在潮湿空气中表面氧化成棕色的碱式硫酸铁。能溶于水。

图4-10　硫酸亚铁

第四章　鱼病的药物防治

【作用与用途】杀虫药。用于鳃隐鞭虫、鱼波豆虫、斜管虫、车轮虫病等；也可用于中华鳋、狭腹鳋等病的防治。

【用法与用量】药浴：硫酸亚铁与硫酸铜合剂（2∶5），使水体呈0.7毫克/升的浓度，治疗鳃隐鞭虫、鱼波豆虫、斜管虫、车轮虫、毛管虫及中华鳋病等。

（3）硫酮铜

【别名】【理化性质】【作用与用途】见消毒剂中的硫酸铜。

【用法及用量】药浴：硫酸铜与漂白粉（30%有效氯含量）合剂，8.10毫克/升，水温10~15℃，浸洗20~30分钟；15~20℃，浸洗15~30分钟。可防治烂鳃病、赤皮病和鳃隐鞭虫、鱼波豆虫、车轮虫、斜管虫、毛管虫等原生动物病。泼洒硫酸铜与硫酸亚铁（5∶2），使水体呈0.7毫克/升的浓度，可防治寄生原生动物引起的疾病和中华鳋病。

图4-11　硫酮铜

（4）孔雀石绿

【用法与用量】药浴：0.5~1.2毫克/升，遍洒（水温8~9℃），用于治疗小瓜虫病；0.5毫克/升，遍洒（水温5~8℃），治疗锦鲤车轮虫病、斜管虫病、三代虫病等。

【注意事项】孔雀石绿有工业用和试剂用2种。试剂中有草酸盐、硫酸盐、盐酸盐和氯化锌复盐4种。工业用孔雀石绿价廉,但含金属化合物,因而纯度下降。试剂用中以氯化锌复盐毒性最强，故不宜在观赏鱼类疾病治疗中应用，其余3种均可使用。用孔雀石绿治疗鱼病时，应注意区分，以免造成观赏鱼类中毒事故。

(5)亚甲蓝

【用法与用量】药浴：2毫克／升，遍洒，治疗小瓜虫、斜管虫、车轮虫、三代虫和指环虫病等。

【注意事项】养殖水不清洁，水中的有机物会使药效衰减很快。因此，使用亚甲蓝治疗鱼病时，应进行试验，而后确定用药浓度。

(6)黄色素

图4-12　黄色素

【用法与用量】遍洒，使水体呈10毫克／升的浓度，12小时内杀死车轮虫、斜管虫等原生动物，而杀死鱼波豆虫需在该浓度中处理2天方有效。

(7)碳酸钠

【别名】碱粉、纯碱。

【理化性质】白色吸水性粉末或颗粒。无气味，有碱味。溶于水，水溶液呈碱性。

【作用与用途】驱虫药。用于单殖吸虫病的防治。

【用法与用量】药浴：碳酸钠与精制敌百虫合用（0.6∶1），遍洒，使水体呈0.1~0.24毫克／升的浓度。

(8)敌百虫

【理化性质】敌百虫为白色结晶，有芳香味。敌百虫制品非上述原生动物病，并可杀灭水体中的椎实螺、扁卷螺，预防复口吸虫和血居吸虫病的发生。用食场挂袋法，可预防或治疗某些轻度的细菌性和寄生虫性鱼病。

【注意事项】

①溶解时，水温不要超过60℃，否则容易失效。

## 第四章　鱼病的药物防治

②在较肥的水质中，因硫酸铜易与有机质作用而降低药效。增高浓度时，应通过预试验确定，切勿随意增加药量，浓度过量会造成中毒事故发生。

③锦鲤、金鱼对硫酸铜较敏感。因此遍洒的水体浓度应由 0.7 毫克／升降低至 0.5 毫克／升。

（9）氯化铜

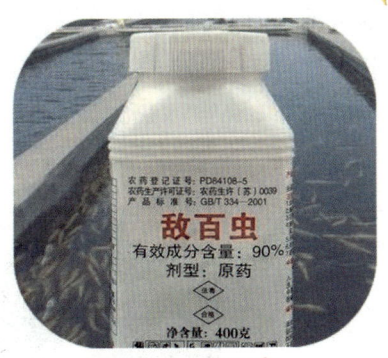

图 4-13　敌百虫

【别名】二氯化铜、氯化高铜。

【理化性质】绿色到蓝色粉末或斜方双锥体结晶。在潮湿空气中潮解，在干燥空气中风化。易溶于水，水溶液呈酸性反应。

【作用与用途】杀虫剂。用于杀灭复口吸虫和血居吸虫的中间宿主椎实螺和扁卷螺。

【用法与用量】药浴：0.7 毫克／升，遍洒，杀灭椎实螺和扁卷螺。

【注意事项】氯化铜受有机质影响较硫酸铜要小，用药量要计算准确，稍微过量，都易使鱼中毒死亡。

（10）高锰酸钾

【用法与用量】药浴：1~2 毫克／升，遍洒，治疗斜管虫、车轮虫病等，在 24℃时，治疗必须持续 10 天；50 毫克／升浸洗 5 分钟。杀灭斜管虫、车轮虫等；20 毫克／升浸洗 15~30 分钟，杀灭三代虫、指环虫；水温 15~25℃时用 20 毫克／升；21~30℃时用 10 毫克／升，浸洗 1.5~2 小时，治疗锚头鳋、新鳋病。

【注意事项】同消毒剂中高锰酸钾。

常稳定，室温下保存 2 年，第一年分解率为 0%，第二年为 0.2%。工业品纯度在 90% 以上。在空气中易吸湿结块或潮解，易溶于水。配成水溶液，其酸性溶液比较稳定，但其碱性溶液很不稳定，在短时间内就脱下盐酸而变成敌敌畏，所生成的具有活性的敌敌畏进一步分解，直至分解成无杀虫活性的物质为止。

图 4-14　高锰酸钾

【作用与用途】敌百虫为广谱驱虫、杀虫药。不仅对体外寄生虫有杀灭作用，对体内寄生虫亦有驱虫效果。用于防治黏孢子虫、单殖吸虫、棘头虫、锚头鳋、新鳋、鲺病等。

【用法与用量】遍洒，使水体成 0.2~0.5 毫克／升的浓度，用于治疗三代虫、指环虫、锚头鳋、新鳋、鲺病等；杀灭敌害水蜈蚣和蛙、虾等。敌百虫与碳酸钠合剂（1∶0.6）遍洒，使水体呈 0.1~0.24 毫克／升的浓度，治疗三代虫、指环虫等。

【注意事项】

①敌百虫除处方规定与面碱合用外，一般不得与碱性药品合用。

②敌百虫的药效和毒性因养殖方式、水质、鱼体大小及鱼的病情状

# 第四章 鱼病的药物防治

态等不同而异，应根据具体情况酌情使用。

③敌百虫对虾类、腹足类等的毒性极强，故在它们的养殖环境周围不宜使用。

④敌百虫的毒性虽比其他有机磷制剂低，但仍属于剧毒药物，操作和保存时均应注意安全，不到万不得已时不得使用。

（11）石灰氮

【别名】氰氨基化钙、碳氮化钙、氰氨化钙。

【理化性质】石灰氮纯品为白色粉末，在空气中有吸湿性，能溶于盐酸，在水中放出氨及乙炔。一般工业品为灰黑色块或粉末，常含有游离氧化钙、碳酸钙和硝酸钙等杂质。

【作用与用途】消毒药、灭螺药。用于消毒杀灭病原体孢子及其孢囊等。

【用法与用量】养殖锦鲤和金鱼的野外池塘，每亩用100千克，干塘清整消毒，能将池底越冬的黏孢子虫的孢子彻底杀灭。

### （三）内服药

**1. 呋喃西林** 呋喃西林为柠檬黄色结晶状粉末，无臭，无味。受热变黑，在室温和空气中稳定，难溶于水，微溶于乙醇。能干扰细菌氧化酶系统而发挥抑菌或杀菌作用。抗菌范围很广，能防治细菌性鱼病。

使用方法：有五万分之一的浓度，浸洗鱼种10分钟，可预防赤皮、烂鳃、肠炎等病。每50千克鱼用1克药制成药饵投喂，每半月喂1个疗程，每个疗程3天，可防治肠炎病。

**2. 磺胺噻唑（ST）** 磺胺噻唑为白色晶体或结晶粉末，无臭、无味，在空气中稳定。遇光渐变色，难溶于水，溶于丙酮、稀盐酸、氨水和碱溶液。可防治球虫病。

使用方法：按每 10 千克鱼用药 1 克计算制成药饵，投喂 6 天。第二天后药量减半。防治赤皮病、肠炎病。

**3. 磺胺脒（SG）** 磺胺脒为白色针状结晶性粉末。无臭、无味，在水和乙醇或丙酮中微溶。它能抑制细菌，用于防治细菌性肠炎等病。使用方法：第一天按每千克鱼用药 1 克制成药饵，第二天到第六天药量减半，可防治肠炎病。

**4. 呋喃唑酮（痢特灵）** 呋哺唑酮为黄色粉末。无味，可溶于水，抗菌范围广。使用方法：按饵粉的 0.1% 比例混入呋喃唑酮，连喂能促进鱼生长。按 0.12%~0.2% 混入时，可防治弧菌病、肠炎、竖鳞病、鳃病等。

**5. 碘** 碘为紫黑色晶体，带有金属光泽，性脆易升华，蒸汽呈紫色，有毒性和腐蚀性，难溶于水。使用方法：每 50 千克饲料中拌入 1.2 克碘投喂，连喂 4 天。可治疗球虫病。

**6. 氯霉素** 氯霉素为白色或微黄绿色的结晶性粉末，味苦，本品微溶于水，易溶于甲醇、乙醇。使用方法：按每千克饵料混入本品 0.1~0.2 毫升（1 毫升中含氯霉素 50 毫克）人为预防用量，治疗用量按每千克饲料混入 0.5~1.0 毫升，连喂 2~15 天。治疗弧菌病、腹水病。药浴用药 6~20 毫升溶于 10 升水，浸洗 8~24 小时。

**7. 土霉素** 土霉素为黄色结晶性粉末，无臭、味微苦，在碱溶液中易破坏失效，易溶于水。本品治疗范围广，毒性低，不易产生耐药性，体内吸收快，残留少。使用方法：每千克鱼每日用药 2~10 毫克，连喂 3~7 天，为预防剂量；治疗剂量为 10~50 毫克，连喂 3~7 天，可治疗竖鳞病、烂鳃病等。

### （四）注射药

**1. 青霉素钠或青霉素钾** 青霉素钠或青霉素钾为青霉素钠或钾的结晶性无菌粉末。含总青霉素按 $C_{16}H_{17}N_2NaO_4S$ 或 $C_{16}H_{17}KN_2O_4S$ 计算，不得少于 95.0%；按平均装量计算，含青霉素钠或青霉素钾应为标示量的 90.0%~115.0%。

【理化性质】白色结晶性粉末；易溶于水。

【作用与用途】抗生素。用于亲鱼产后受伤防止感染。

【用法与用量】肌内注射或腹腔注射，一次量。每尾 10 万~20 万单位。

【注意事项】

（1）使用时，按瓶签上标示的单位，根据用量计算。

（2）临用时，用灭菌注射用水定量稀释溶解。

（3）注意瓶签标示的有效期限。

**2. 硫酸链霉素** 注射用硫酸链霉素为硫酸链霉素的无菌粉末。按干品计算，每 1 毫克效价不得少于 720 链霉素单位；按平均量计算，含链霉素应为标示量的 93.0%~107.0%。

【理化性质】白色或类白色粉末；无臭或几乎无臭，味微苦；有引湿性；在水中易溶。

【作用与用途】抗生素类药。用于防治亲鱼受伤感染。

图 4-15　硫酸链霉素

【用法与用量】肌内注射或腹腔注射，一次量 10 万、20 万单位/尾。

【注意事项】同注射用青霉素钠或青霉素钾。

## （五）中草药

### 1. 大黄

【别名】香大黄、马蹄黄、将军、生军。

【来源】蓼科大黄属植物掌叶大黄、大黄或鸡爪大黄。以根及根状茎入药。采集时间为秋末冬初茎叶枯萎时，或次年春天发芽前挖取地下部分。除去粗皮，切成瓣状或段状，干燥而成。

【性状】圆柱形、圆锥形或不规则块状，长3~17厘米，直径3.10厘米。表面黄棕色至红棕色，断面淡红棕色或黄棕色。气清香，味苦而微涩，嚼之粘牙，有沙粒感。质坚实。

【检查】以质坚实、气清香、味苦而带微涩味为佳。

【作用与用途】抗菌药。抗菌作用强，广谱抗菌，其有效成分已证明为蒽醌衍生物。不仅对由黏细菌引起的白头白嘴病和烂鳃病有明显的疗效，而且对病毒病亦有一定的防治效果。

【用法与用量】

（1）药浴1%大黄煎煮液5分钟，可防治黏细菌性疾病。

（2）遍洒1.25~3.75毫克/升，临用前，先将水体需用大黄量，用0.3%氨水（含氨量25%~28%），按1∶20比例，在室温下浸泡12~24小时，再将此药液均匀洒入水中。可有效地防治黏细菌性鱼病。

（3）大黄与硫酸铜合用1.0~1.5毫克/升大黄与0.5毫克/升硫酸铜，大黄用前处理同（1），先泼洒大黄再洒硫酸铜。防治鱼病同（1）。

（4）内服一次量每千克鱼体重5~10克。大黄碾成粉末混入饲料内，1天1次，连用3天，可防治黏细菌性鱼病。

### 2. 乌桕

【别名】卷子树、桕树、木蜡树、木油树、木梓树、虹树。

【来源】大戟科乌桕属植物乌桕，以叶入药。采集时间为每年夏末秋初，晒干。

【性状】叶片菱状卵形。长3~9厘米，宽2.5~7.5厘米，先端长尖，基部楔形，全缘，上面暗绿色，微有光泽，下面黄绿色。其部有蜜腺1对。

【作用与用途】抗菌药。乌桕对革兰氏阳性和阴性菌均有抑制作用。其有效成分为含酚有机酸类。用于防治细菌性鱼病。

【用法与用量】

（1）药浴 1% 乌桕叶水煎液，浸洗 10 分钟，对黏细菌有抑制作用。

（2）遍洒 2.5~3.7 毫克/升。临用前，将水体中需用乌桕叶量，近 1 千克乌桕叶干粉，用 20 千克饱和石灰水（1 千克生石灰加 5 千克水后的上清液），浸泡 12 小时左右，使用前经煮沸 10 分钟后，再用池水稀释均匀泼洒，可有效防治黏细菌性鱼病。

### 3. 五倍子

【别名】百药煎、百虫仓。

【来源】漆树科漆树属植物盐肤木、青麸杨或红麸杨等的叶或叶柄，因受五倍子蚜虫的刺伤而生成的囊状虫瘿，可分为角倍和肚倍 2 种。采集时间，角倍在 9~10 月间采摘，肚倍以在 6 月间采摘为宜，如过期则虫瘿开裂。采摘后，用沸水煮 3~5 分钟，杀灭内部虫体，晒干即成。

图 4-16　五倍子

【性状】

（1）角倍呈不规则的囊状，有若干瘤状突起或角状分枝，表面黄棕色至灰棕色，有灰白色软滑的绒毛，破碎后，则见中心为空洞，有黑褐色五倍子蚜虫的尸体及白色的外皮以及粉状排泄物等，壁厚 1~2 毫米，内壁浅棕色，平滑。

（2）肚倍呈纺锤形囊状，无突起或分枝。外面毛茸较少，壁厚 2~3 毫米。

【检查】角倍的破折面角质样，质坚脆；肚倍的折断面为角质样，并较角倍光亮。气特异。味极涩而有吸湿性。

【作用与用途】抗菌药。对革兰氏阳性和阴性细菌均有抑制作用，其抗菌作用主要存在于皮部。用于防治黏细菌、产气单胞菌和假单胞菌引起的鱼病。

【用法与用量】遍洒：2~4毫克/升。用于治疗白头白嘴病、烂鳃病、白皮病、疖疮病和赤皮病等。

### 4. 大蒜

【别名】蒜、蒜头。

【来源】百合科葱属植物蒜，以鳞茎入药。每年春、夏季采摘。如中药大黄对鱼害黏球菌的作用机理，经药理实验证实，为抑制菌体内脱氢酶活性，而对鱼体失去致病毒力，从而有利于鱼体发挥抗病机能，达到消灭或排除病原体的目的。

## 二、药物作用的类型

### （一）局部作用和吸收作用

按作用发生时药物是停留在用药部位，还是被吸收到机体来确定。局部作用是当药物停留在用药部位时所发生的药效。如含氯消毒剂对鱼体皮肤的消毒作用，敌百虫杀灭寄生虫等。局部作用不仅表现在身体的表面，也可表现在体内。通常被解释为通过神经体液的联系，药物的局部作用往往可通过反射等过程，引起全身性反应。如肠道驱虫药就是在肠吸收前所发挥的局部作用，麻痹虫体肌肉，使之不能附在宿主肠壁上，或使肌肉收缩剧烈，引起痉挛性麻痹。

吸收作用是当药物吸收到体液循环后所发生的药效。但是又由于作用的选择性，只对某些敏感器官发挥较为明显的作用。如用磺胺类药物治疗细菌性肠炎病。

## （二）直接作用和间接作用

直接作用是指药物所接触的部位对药物所发生反应。如各种杀灭寄生物的药物。

间接作用是指由直接作用所引起而发生在其他部位的反应。如水辣蓼本身对病原菌不具有抑制或杀灭作用，但它能调节机体功能，故能取得良好的防病效果。

某些药物既具有直接杀灭病原体的作用，又具有恢复机体功能的间接效果。如亚甲基蓝，它既有防治疾病的作用，同时也有促进机体红细胞增殖的作用。

## （三）药物作用的选择性

由于机体各部位对于药物反应的敏感性不同，因此药物对机体的直接作用可以选择地发生在某些部位，这种现象被称为药物的选择作用。因此，当药物被吸收后与机体的组织器官直接接触时，并不对所有组发生同等强度的作用。大多数药物在适当剂量时，只对某器官的组织或器官发生明显作用，而对其他组织或器官作用很小或几乎无影响，这也称为选择作用。

机体的各种组织和细胞的生化过程各具特点，这是药物选择作用的物质基础。化学治疗药物对于微生物和寄生虫具有明显的选择作用，因而能在不毒害机体物质基础上，干涉病原体的正常生理生化代谢过程，而发挥其药效。如硝酸亚汞杀灭小瓜虫的作用机理，经实验证明即为抑制了含巯基（-SH基）的氨基酸正常代谢过程，致使虫体死亡。

药物的选择作用是相对的，而不是绝对的。随着剂量的改变，药物的选择作用也会变化，从而扩大其影响范围。另外，某些药物具有多种选择作用，能影响多种机体组织的生化过程。

### （四）防治作用和不良反应

药物用于防治鱼病，可以产生有利于机体的防治作用，也可能产生一些不利于机体的不良反应，如用硫酸铜防治鱼病时，它可杀灭某些寄生虫，但它也会给鱼体带来不良反应，施放药物后鱼就有明显的厌食反应。

#### 1. 防治作用

（1）预防作用　防重于治，以预防为主，效果更好。尤以内服药物，预防作用大于治疗作用。因往往鱼得病后厌食，而能正常摄食的鱼，均为病情较轻或无病的鱼。

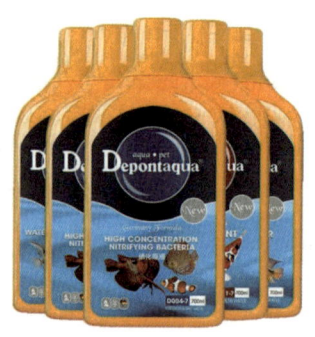

图4-17　预防作用

（2）治疗作用　可分为针对病因和针对病症两种。针对病因为消除致病的原因，针对病症为消除疾病的症状。

①针对病因治疗　消除病因在治疗医学上具有重要的意义。如已确诊病因，而后用药治疗，能起到药到病除的效果。

②针对病症治疗　在用药物防治鱼病中，对已确诊病因的鱼进行治疗是最好的处理。但有些疾病，病因尚未明了，为了缓解病鱼的病痛，减少鱼体死亡，则要根据症状考虑治疗方案。如有些鱼病开始发生时，由于病因不明，只有采取改良水质如换水或用杀菌药物治疗，以减少并发因素，缓解病情。

## 2. 不良反应

（1）副作用　药物在常用剂量时，伴同治疗作用出现的一些与治疗无关的作用称副作用。如硫酸铜和敌百虫用作遍洒后，使养殖鱼类产生厌食和摄食困难现象，硝酸亚汞在治疗小瓜虫病时造成色素变异等副作用。

（2）毒性反应　一般用药剂量过大或用时过久会发生毒性反应。因此施药剂量一定要计算准确。

为了防止不良反应的发生，应掌握毒性作用的发生及其发生规律，并注意调查研究。应了解药物的理化性质、种族差异、环境因素等，如呋喃类药物作为遍洒时，应避免阳光直射，提倡傍晚时施药；应用硫酸铜治病时，需要注意水体中养殖种类，如锦鲤、金鱼，由于它们对硫酸铜较为敏感，因此，施药浓度不能超过0.7毫克/升；又如，应用福美砷治疗黏细菌烂鳃病时，需先调查有无施放过硫酸铜，如有需先将池水进行预试验，证明无中毒现象，方能施药，否则会造成观赏鱼类急性药物中毒现象发生。因此，应根据具体情况，选用适当的药物、剂量和用法，同时在用药期间需仔细观察，若有不良反应，应立即采取应急措施，如换水、换池等，尽量减少损失。

## （五）协同作用和颉颃作用

为了提高药物的疗效，减少毒副作用的发生，有时需合并使用两种或两种以上的药物，如抗生素或化学治疗剂。这样可能发生协同、累加和颉颃等不同的作用。凡两种药物作用于同一种细菌时，如其抗菌作用不变，则称为无差别。如合用时抑菌所需浓度较两者单独使用为低，而能显著地加强早期杀菌作用，且所杀死细菌之数较两者单独使用时为多，其疗效也增加，即称为协同作用。如效果只等于两药之和时，则叫做累加作用，如合用时的早期杀菌作用及对感染的疗效。不如两药单独使用

时效果,则称为颉颃作用。

关于协同作用的机制,可用细菌的多种代谢途径,同时被阻止的理论来解释。如一种代谢途径被一种药物所阻止时,细菌生长可暂被抑制;介可采取另一种代谢途径以越过之,如另一种药物能阻止此新途径,即两种或两种以上的代谢过程都被阻止时,则加速了病原体的死亡。

要想获得最有效的协同作用,就需要正确的选择两种药物,使之同时作用于病原体的几个主要代谢途径。例如一种药物能阻止合成蛋白质的酶系统,如硫酸铜;而另一种药物如大黄能阻止呼吸酶系统如抑制脱氢酶活性。为此,导致黏细菌体内两种代谢途径紊乱,从而两药合用,取得了增强药效、减少用量的治疗效果。单用大黄氨水浸液,需用2.5~3.7毫克/升方有效;单用硫酸铜对烂鳃病病原菌——鱼害黏球菌则无效;当两药合用时,大黄浓度可降低至1~1.5毫克/升,硫酸铜浓度只要0.3~0.5毫克/升,即可取得良好的治疗效果。

### (六)药物作用的机理

药物作用是一个复杂的过程。关于药物与受体(机体)间的交互作用方式。根据现代研究认为,受体可能就是酶的一种看法,可设想(推断)有以下几种类型。

1.药物抑制细胞的酶系统,许多药物的受体是酶,药物可直接抑制。如青霉素抑制细菌的肽基转移酶,从而影响了细胞壁黏肽的合成。磺胺类可以抑制细菌中的二氢叶酸合成酶,使它不能将对氨苯甲酸与其他化学物质缩合生成叶酸。

2.药物可以像辅助因子一样发挥作用,促进酶的活性。

3.药物可以作用于细胞膜,改变其通透性。有些药物如抗生素类,

具有作用于细胞膜而使药物渗透入病原体细胞内的作用。

### (七) 耐药性的形成

某些鱼病病原体在反复接触某些抗病原体的药物后,其反应性不断减弱,以致最后病原体已能抵抗该药物而不被杀灭或抑制,这就是病原体对药物的耐药性。

耐药性的问题不仅是药效降低问题,而且会对人体有关的病原体带来耐药性,从鱼用药物治疗的对象水生动物被生食这点来看,直接或间接地使人的细菌性疾病治疗增加困难。因此,作为鱼用药物的抗病药物的使用,在公共卫生方面应受到足够的重视。

细菌耐药性的发生机制十分复杂,可以分为遗传学机制和生物化学机制两大类。通常引起药物的耐药性发生:一是因给与药物的剂量不足或长期应用时,许多细菌及寄生虫均会产生耐药性,如磺胺药类;二是在一般情况下,某一细菌对某一抗菌药物所获得的耐药性是有特异性的,但有时也能对其他抗菌药物获得同样的耐药性,这就是交叉耐药性。这

图 4-18　耐药性的形成

种现象多见于化学结构或抗菌作用机理相类似的药物之间,如细菌对四环素产生耐药性后,也往往对土霉素发生了耐药性。

## 三、药物的体内过程

药物的体内过程是指药物的吸收、分布、排泄,称为药物的转运;药物在机体内发生的化学变化,称为药物的转化或代谢。转运和转化统称为体内过程,这种变化往往结合进行,也就是说药物在进行转运的同时,也进行了化学变化。药物进入机体后,一方面药物对机体产生各种作用,同时机体也改变药物,决定药物在体内的运动和过程。

图4-19 鱼的药物体内过程

### (一)吸收

药物吸收的速度快慢是决定发挥吸收作用的药效发生的快慢、迟早的因素。决定吸收速度的主要因素有四个方面。

**1. 制剂的溶解度**　混悬液和胶体液的吸收速度比水溶液的吸收速度慢。在防治鱼病中，若需要使用易溶于水的药物，又要使其被鱼吸收的速度减慢时，可加入其他药物，使其成混悬液或胶体液。

晶体药物比胶体药物更容易被鱼体吸收；液体药物比胶体药物更容易被鱼体吸收；水溶性药物比脂溶性药物更容易被鱼体吸收。

**2. 局部组织的血流量**　局部组织的血流量大，药物吸收的速度快。当循环衰竭时，就使吸收速度大大减慢。

**3. 给药方法**　各种给药方法的吸收速度，按由难到易、由慢到快的次序论。皮肤吸收次于口服吸收，口服吸收次于注射，以注射吸收速度最快。

**4. 吸收环境**　吸收环境内的其他物质会影响吸收的速度和能力，如食盐存在 pH 值和溶剂的性质等是影响因素。

## （二）分布

吸收后的药物，一般在血液中停留不久，就迅速通过微血管壁而进入组织。药物在组织中的分布情况，又依据各种药物的理化特性，以扩散和过滤的方式转运，各种药物在鱼体内的分布情况是不一致的。

药物在体内引起结构转化的反应，主要是由肝中的药物代谢酶系所催化，这类酶存在于肝细胞的微粒体中，由于这类酶的催化功能不是单一的，而是能催化许多反应，所以又称为肝微粒体单加氧酶，或称药酶。但也有一些药物的结构转化不是由药酶催化的。影响药物分布的主要因素有三个方面。

**1. 药物与血浆蛋白结合的能力**　药物与血浆蛋白结合后，不易通过细胞膜进入其他组织。如磺胺噻唑与血浆蛋白结合率比磺胺嘧啶高，而渗透至体内分布的浓度却比磺胺嘧啶低。因此，使用磺胺嘧啶的效率比

磺胺噻唑的效率要高。

2. 药物的理化性质与药物透过生物膜的亲和能力脂溶性或水溶性小分子易进入细胞，非脂溶性的大分子，通过过滤方式转运，其速度较慢，离子型较难透过细胞膜。

3. **药物和组织的亲和力** 有些药物对某些组织有特殊的亲和力。如汞、砷等重金属和类金属多沉淀在内脏的组织细胞中，在肝、肾中浓度较高。故在中毒时，这些组织首先受害。因此，有些药物大量沉积的组织，往往不是发挥药效的场所，如汞等沉积在肝脏，不易发挥疗效，并且将有毒物质富集于肝脏。

### （三）代谢

机体能作用于很多药物，使药物产生化学变化，这就是药物在机体内的代谢（即药物的转化）。药物在体内代谢的方式最重要的有氧化、还原、水解和结合，主要在肝内进行，因此肝功能不良时，易致中毒。其中毒的原理是因肝脏中有丰富的酶系统参加催化过程。

1. **氧化** 许多药物在体内的氧化是借助于肝细胞微粒体羟化酶（细胞色素 P450）激活分子氧而进行的，但也有不通过此酶系统的，如醇的氧化（实为去氢化）是借助于细胞壁中的酶系统而完成的。

2. **还原** 肝微粒体和其他组织含有催化硝基（如氯霉素等）还原酶系统，也有不通过微粒体酶系统的。

3. **水解** 酯酶和酰胺酶分别水解含酯基和酰胺基的药物。这些水解酶大量含于血浆和不同组织的水溶成分，尤其是肝脏的水溶成分，一般这些水解酶无任何专属性，如乙酰胆碱被胆碱酯酶所水解。

4. **结合** 葡糖醛酸可与许多含酚羟基或醇基的药物（如水杨酸、苯酚等）结合。醋酸及磺胺类和其他苯胺类结合。

药物代谢酶是在肝细胞微粒体内发现的几种新的酶系，称为药物代谢酶，简称药酶。它们不同于正常中间代谢酶，专司体内化学异物的代谢，并不作用于正常中间代谢物。细胞色素就是其中一种。

### （四）排泄

药物的作用强度与作用时间，一方面取决于药物的剂量与进入体的速度，另一方面取决于药物消除的速度。排泄是体内药物消除的一种方式（消除是排泄、解毒和贮藏的总和）。对于观赏鱼类，肾脏是药物排泄的主要途径，其次是鳃和肠。但当肾脏有病时，用药需要特别小心。药物排泄的快慢有很大差别。例如：高速者如青霉素，半量排泄不到半小时；中速者如磺胺类，半量排泄时间为 8~18 小时；低速者如某些重金属、类金属等，半量排泄可达 1 周以上。

### （五）蓄积

药物进入机体的速度大于药物自机体消除的速度，都可使体内药物产生蓄积作用。在反复用药时，由于体内解毒或排泄障碍而发生的中毒，称为蓄积性中毒。但往往需要有治疗意义的蓄积作用，如在治疗时，需有计划地利用药物的蓄积作用，使药物能在体内逐渐达到有效水平，能有效地杀灭病原体。

由蓄积产生毒害的药物，如有机氯杀虫剂六六六、DDT 等，因其在体内稳定，不易被分解破坏，造成残留量大且残留时间也长而被禁用。目前替代产品为有机磷杀虫剂，如敌百虫等，此类药物因在体内易被分解，残留量小且时间短而被采用。

从上述内容可以看出：在机体与药物的相互作用中的两个方面是互相联系、互相影响的。一方面药物的体内过程可影响药物在作用部位的浓度和有效浓度维持的时间，从而影响其作用的发生、发展和消除。另一方面药物的作用也会影响其体内过程，如有些药物可在局部影响药物的吸收；对肝肾功能有毒的药物，如汞、砷和有机氯杀虫剂等可以影响有机体的代谢和排泄等。